乡村振兴与农业文化遗产

——中国全球重要农业文化遗产保护发展报告2019

农业农村部国际交流服务中心　编

中国农业出版社
北　京

图书在版编目（CIP）数据

乡村振兴与农业文化遗产：中国全球重要农业文化遗产保护发展报告．2019/农业农村部国际交流服务中心编．—北京：中国农业出版社，2020.4

ISBN 978-7-109-26621-6

Ⅰ.①乡… Ⅱ.①农… Ⅲ.①农业-文化遗产-保护-研究报告-中国-2019 Ⅳ.①S

中国版本图书馆CIP数据核字（2020）第033352号

乡村振兴与农业文化遗产——中国全球重要农业文化遗产保护发展报告2019

XIANGCUN ZHENXING YU NONGYE WENHUA YICHAN
——ZHONGGUO QUANQIU ZHONGYAO NONGYE WENHUA YICHAN
BAOHU FAZHAN BAOGAO 2019

中国农业出版社出版
地址：北京市朝阳区麦子店街18号楼
邮编：100125
责任编辑：郑　君　　文字编辑：李兴旺　郑　君
版式设计：李　文　　责任校对：周丽芳
印刷：中农印务有限公司
版次：2020年4月第1版
印次：2020年4月北京第1次印刷
发行：新华书店北京发行所
开本：787mm×1092mm　1/16
印张：13.5
字数：303千字
定价：98.00元

前言

农耕文明是中华五千年文明发展的重要基础。农业文化遗产是农耕文明的重要组成部分，是农耕思想、理念、技术的活态传承。中国政府历来重视传统农耕文明的价值和在现代农业发展中的传承、运用与创新。习近平主席多次强调，“农耕文化是中华优秀文化的重要组成部分，不仅不能丢，而且要不断发扬光大”。自2002年联合国粮农组织（FAO）发起“全球重要农业文化遗产”（GIAHS）倡议以来，中国便成为这项事业的最早响应者、坚定支持者、成功实践者、重要推动者和主要贡献者。我们以“全球重要农业文化遗产”工作为先导，从传统中发掘智慧，让古老拥抱现代，在不同层面上开展了农业文化遗产的保护与利用、传承与发展。

中国通过实践探索，逐步建立了以多方参与机制为核心的动态保护体系，制定了“保护优先、合理利用，整体保护、协调发展，动态保护、功能拓展，多方参与、惠益共享”的工作方针。近年来，在农业农村部及相关省份领导的高度重视下，通过地方政府和广大群众的共同努力和积极参与，全球重要农业文化遗产在中国已取得了巨大的社会效益、生态效益和经济效益。中国在农业文化遗产理论研究和实践探索方面处于国际领先水平，被联合国粮农组织赞誉为全球重要农

业文化遗产的领军者，中国开展农业文化遗产工作的经验已经成为制定国际政策和制度的重要参考标准。为加强全球重要农业文化遗产管理保护工作的系统性，促进遗产管理经验的分享与动态保护措施的完善，我中心编著《中国全球重要农业文化遗产保护发展报告》系列丛书，旨在总结、分享我国GIAHS管理与保护工作的成效与经验，分析面临的挑战与问题，为农业文化遗产的保护和传承提供有益思路。

本书收录了中国全球重要农业文化遗产保护发展2019年度报告及来自中国15项（18个）GIAHS遗产地的2018年度工作总结，汇总了我国各遗产管理部门在GIAHS保护和管理中探索出的有效工作手段和方法，分析了现阶段工作中存在的不足并提出了建议。此外，本书还收录了我中心相关负责同志关于GIAHS工作的思考与建议，希望为乡村振兴战略实施、脱贫攻坚工作、农业可持续发展、农村产业融合发展等问题的解决提供启迪。

农业农村部国际交流服务中心主任　童玉娥

2019年12月

目录

前言

第一部分
总　论

传承优秀农耕文明　为世界贡献乡村振兴中国智慧 / 010

抓好抓实全球重要农业文化遗产工作　打造乡村振兴特色样板间 / 017

中国全球重要农业文化遗产保护发展报告2019 / 023

农业文化遗产保护“多方参与”的关口应提前 / 030

中日韩全球重要农业文化遗产管理体系比较及对中国的启示 / 033

中国对世界农耕文明保护和农业可持续发展的特殊贡献 / 046

第二部分

各地工作报告

2018年浙江青田稻鱼共生系统保护发展工作报告 / 058

2018年浙江绍兴会稽山古香榧群系统保护发展工作报告 / 067

2018年浙江湖州桑基鱼塘系统保护发展工作报告 / 075

2018年云南普洱古茶园与茶文化系统保护发展工作报告 / 082

2018年云南红河哈尼稻作梯田系统保护发展工作报告 / 091

2018年河北宣化城市传统葡萄园系统保护发展工作报告 / 098

2018年内蒙古敖汉旱作农业系统保护发展工作报告 / 104

2018年贵州从江侗乡稻鱼鸭系统保护发展工作报告 / 111

2018年江西万年稻作文化系统保护发展工作报告 / 124

2018年陕西佳县古枣园系统保护发展工作报告 / 129

2018年福建福州茉莉花与茶文化系统保护发展工作报告 / 135

2018年江苏兴化垛田传统农业系统保护发展工作报告 / 143

2018年甘肃迭部扎尕那农林牧复合系统保护发展工作报告 / 147

2018年山东夏津黄河故道古桑树群系统管理与保护发展工作报告 / 155

2018年南方山地稻作梯田系统——江西崇义客家梯田保护发展工作报告 / 161

2018年南方山地稻作梯田系统——福建尤溪联合梯田保护发展工作报告 / 167

2018年南方山地稻作梯田系统——湖南新化紫鹊界梯田保护发展工作报告 / 173

2018年南方山地稻作梯田系统——广西龙脊梯田保护发展工作报告 / 179

附　录

附录1　2019年中国全球重要农业文化遗产大事记 / 188

附录2　2019年全球重要农业文化遗产申报陈述答辩活动各遗产地陈述词汇编 / 189

第一部分
总　论

传承优秀农耕文明
为世界贡献乡村振兴中国智慧

农业农村部巡视组副组长
（农业农村部国际交流服务中心原副主任） 罗鸣

习近平总书记多次强调“农村要留得住绿水青山”“让居民望得见山、看得见水、记得住乡愁”。2016—2018年，农业文化遗产工作连续3年被写入中央1号文件。在2018年中央1号文件《中共中央 国务院关于实施乡村振兴战略的意见》中，明确提出要“切实保护好优秀农耕文化遗产，推动优秀农耕文化遗产合理适度利用”。

2002年，联合国粮农组织（FAO）发起了全球重要农业文化遗产（GIAHS）倡议，旨在建立国际公认的重要农业文化遗产网络，促进对全球优秀农耕文化的动态保护和可持续发展。GIAHS关乎粮食和生计安全、生态保护、生物多样性、可持续发展等多个国际前沿领域，也非常契合中国转型期的需要。中国政府是农业文化遗产保护最早响应者、坚定支持者、成功实践者、重要推动者和主要贡献者。截至2019年1月，全球共有21个国家的57个农业系统被列入GIAHS，中国拥有15项，居世界首位。农业文化遗产工作极大地带动了遗产地的农产品增值、休闲农业发展和生态环境的改善，成为深入践行“两山”理论、发展绿色农业的一个重要抓手。

一、充分认识保护农业文化遗产的意义

（一）传承农耕文明的重要载体

我国是世界文明古国，农业发展历史悠久，农耕文化为中华五千年文明发展奠定了重要基础。我国传统农业之所以能够经历数千年而长盛不衰，是由于我们祖先

创造了一整套的“应时、取宜、守则、和谐”的天人合一的思想法则，以及独特的精耕细作、用地养地、物质循环利用等方面的农牧生产技术体系。我国传统农业的精髓在于，强调系统观念，保护自然环境，注重生物多样、利用有限的资源，做到可持续发展。当今社会，随着我国经济快速发展，城市化步伐加快，一些传统农耕系统正在逐渐消亡。

众多的农业文化遗产，是散落在我国各地的农耕遗珍，是历经千百年风雨洗礼的文明瑰宝。它们不仅使传统农耕文明的精华得以传承，还因时因地制宜地不断完善，成为“人与自然和谐相处”的典范，成为农耕文明的活态载体。与农业文化遗产相伴相生的乡村民俗文化，也是中华优秀传统文化的重要组成部分。在农业生产中传承不息的侗族大歌、哈尼四季生产调、青田鱼灯舞，以及丰富多彩的民俗、饮食、建筑等文化遗产，对于农耕文化传承、农村社会和谐，同样具有重要意义。

2016年我国第一次全国摸底普查，确认了408项农业文化遗产备选名录。我国地大物博，农牧类型众多，各地仍有大量有价值的遗产有待挖掘。这些遗产涵盖了山地梯田、农林复合、稻鱼共生、立体农业、草原游牧、湿地农业、旱地水资源管理、庭院生态、狩猎采集及特种农作等各类型的生产系统，不仅是特定地区农耕文明的代表，更是我国农耕文明传承的宝贵财富。

保护好、传承好、利用好农耕文化，让陈列在广阔大地上的遗产活起来，增进中华民族炎黄子孙的认同感与自豪感，就是响应和落实习总书记的讲话精神和号召，就是提升文化自信的重要举措。

（二）发展生态农业的历史启迪

我国农耕文化源远流长，其中蕴含的天人合一、取物有时、用物有度等理念与智慧，对指导当前我们做好农业可持续发展具有重要的历史借鉴价值。

我国第一个入选GIAHS的浙江青田稻鱼共生系统，不仅有1 200多年的悠久历史，更是绿色发展的典范。根据专家研究，与常规水稻单作模式相比，稻鱼共生系统中的鱼类能减少水稻害虫和杂草，降低68%的杀虫剂和24%的化肥施用量。云南红河哈尼稻作梯田系统的研究表明，水稻品种多样性混合间作与单作优质稻相比，对稻瘟病的防效达81.1%～98.6%，减少农药使用量60%以上，每公顷增产630～1 040千克。

传统并不意味着落后。农业文化遗产是传统农业的精华所在，将其与现代农业技术相结合，是现代生态农业、有机农业、循环农业的发展方向。汲取传统农耕文明智慧，将稻鱼共生、桑基鱼塘、休耕轮作等理念引入到现代农业生产中，推进农业绿色发展，不仅是我国开展现代化农业的有益探索，更是激发农业文化遗产保护的动力源泉。

（三）促进当地农民增收问题的金字招牌

我国农业文化遗产地大多处于贫困地区，借助入选农业文化遗产和系列宣传推广的契机，遗产地及其产品附加值显著提升，带动了农民收入增长。例如，浙江青田已培育出稻鱼共生生态大米、青田田鱼等品牌，敖汉小米成为敖汉旗乃至内蒙古的一张金名片，福州茉莉花茶产业因全球重要农业文化遗产的认定重获新生，浙江绍兴农民来自香榧产业的收入增加四成以上，陕西佳县红枣价格从2元/千克增加到6元/千克。此外，随着特色旅游、特色产业的快速发展，吸引了遗产地外出打工的年轻人回乡创业，激发了遗产地活力。

（四）贯穿“一带一路”的历史纽带

丝绸之路带动了中西方农产品的贸易和农耕文明的交流。葡萄、核桃、辣椒等经陆上、海上丝绸之路进入我国，经品种驯化改良，形成了具有我国特色的生产系统，如葡萄来自西域，河北宣化古寺庙将佛教与葡萄文化融合，形成莲花形状的特色葡萄藤架；云南漾濞核桃与作物复合系统，将核桃与其他作物种植有机结合；湖南新田县陶岭乡因其特色的土壤类型将原产南美洲的辣椒种植出香、甜、辣三味等。同时，产自我国农业文化遗产地的绿茶、丝绸等也作为我国农耕文明的使者走出国门，广受世界各民族的欢迎。福州的茉莉花茶系统，更是“一带一路”中西文化交流的典型范例。茉莉花在2 000多年前就从印度传入我国，智慧的福州先民创

造了茶与茉莉的姻缘结合，成为丝绸之路千年传唱的佳话，成为中外文化交流的典型代表。在低洼地挖沟堆田，既缓解洪涝灾害，又保障粮食安全的浮田、垛田、架田等系统，更见证了我国、孟加拉国和墨西哥曾经的文化交流及可给后人启迪的先人智慧。

（五）引领世界生态文明的中国智慧

一直以来，中国的农业文化为全球农业发展和生态文明提供了宝贵智慧，对全球农业发展有着深远影响。1909年，时任美国农业部土壤局局长、威斯康星大学土壤学专家富兰克林，曾跨越重洋考察中国古老的农耕体系并著有《四千年农夫》一书，书中指出，间作套种等高效利用土地的原生态农耕方式让东亚三国早在几个世纪前就足以支撑密集的人口发展。这本书在20世纪50年代成了美国有机农业的宝典。

21世纪初，尼日利亚通过南南合作将浙江青田稻鱼共生系统的稻田养鱼技术引进，使其稻米和罗非鱼的产量翻番，减少了农村贫困，也让当地群众获得了高质量的食品供给。而后这一成功经验还被推广到塞拉利昂和马里，如今稻田养鱼已经推广到东南亚、南亚、欧洲、美洲以及非洲的多个国家和地区。

目前我国农业文化遗产工作在国际交流与合作、国内管理、科学研究、宣传推广等方面均得到快速发展，实现了四个世界第一：拥有全球重要农业文化遗产数量第一、科学论文及著作数量第一、第一个发布国家级管理办法、第一个启动监测评估工作。农业文化遗产也成为我国农业对外合作交流的靓丽名片。我国作为农业文化遗产大国积极派代表参与相关国际活动，分享中国经验，为全球农业可持续发展贡献中国智慧，提供中国方案。在南南合作信托基金GIAHS项目支持下，当前世界上已经有70多个国家和地区的150多名官员、学者到我国来学习农业文化遗产保护与管理经验，逐步掀起了一股全球农业文化遗产挖掘、保护的热潮。

二、加强农业文化遗产保护，促进农业农村绿色发展

开展农业文化遗产挖掘保护工作面临着百年不遇的历史机遇，是一项功在当代、利在千秋的伟业。我们应在以下几方面继续加强工作：

1. 加强顶层设计

为做好农业文化遗产的保护传承工作，要加强顶层设计，制定中长期保护与发展规划。建立政府推动、科技驱动、企业带动、社区互动、社会联动的“五位一体”的多方参与机制。加大国内财政和基建资金支持力度。推动设立农业文化遗产专项资金，支持全国农业文化遗产的普查、申报、动态保护，扩大农业文化遗产的种类

分布和区域分布的覆盖范围，设立对遗产地的文化、生态补偿等制度，发挥农业文化遗产的多功能优势、理念优势、特色产品优势及可持续的生产技术优势，促进乡村振兴和高质量农业发展。

2. 做好保护工作

落实责任，严格执行政策。防止重申报、轻保护思想，完善监测评估工作，用数据和成效测量遗产地动态保护的情况。农业文化遗产地具有发展产业融合的先天优势，探索一二三产业融合发展模式，通过品牌建设、休闲农业等充分激发遗产保护内生动力，进一步提高农民受益程度，让农民从被动参与转变到主动保护。推动各遗产所在地设计自己的GIAHS标识，促进农业文化遗产的宣传推介工作。

3. 加强农业可持续理念宣传

把传承农业文化遗产与提升文化自信相结合，打造多层次、多平台、多受众类型的宣传模式，鼓励与农事体验、农事教学、文化传承等相结合。注重成果沉淀与经验分享；与多方媒体合作，广泛支持农业文化遗产相关的宣传报道，传播农耕文明精神。

4. 打造乡村振兴的特色样板间

农业文化遗产是实施乡村振兴的排头兵。我国的农业遗产地，大多分布于经济

相对落后、生态功能比较脆弱，但是传统文化底蕴丰厚的边远贫困地区。在产业振兴中把遗产地丰富的文化生态资源与一二三产业有机融合；在人才振兴中鼓励支持遗产地的外出游子们回乡创业，如浙江省青田县归国华侨金岳品、敖汉旗返乡创业的刘海庆、云南省红河县带领村民致富的郭武六等；在文化振兴中重点发掘传统文化的优秀成分，弘扬主旋律和社会正气；在生态振兴中要科学合理利用自然资源，有效保护生态环境与生态系统功能，治理美化乡村生活环境；在组织振兴中要结合传统的村庄管理智慧和行之有效的乡规民约，如石刻分水等，构建新型乡村社会治理体系。

5. 引领国际生态文明发展

与“一带一路”沿线国家和地区加强合作，构建以可持续发展为主线、以技术交流和特色产品贸易为载体、以历史传统友谊为依托、以民族民俗文化为纽带的绿色合作长廊，帮助“一带一路”沿线国家挖掘保护农业文化遗产，开展经验分享及农业文化遗产旅游方面的合作等。利用南南合作项目支持FAO开展农业文化遗产保护工作。

抓好抓实全球重要农业文化遗产工作 打造乡村振兴特色样板间

农业农村部国际交流服务中心民间交流处处长　徐明

乡村兴则国家兴。党的十九大提出实施乡村振兴战略，是未来很长一段时间我国农业乃至经济社会发展的基本遵循，是决胜全面建成小康社会、全面建设社会主义现代化国家的重大历史任务，是我党的一项重大正确部署。实施乡村振兴战略，

要按照产业兴旺、生态宜居、乡风文明、治理有效、生活富裕的总要求，建立健全城乡融合发展的体制机制和政策体系，加快推进农业农村现代化。

一、乡村振兴的内涵及与全球重要农业文化遗产的关系

乡村振兴的实质是通过引导安排各项资源从城市流向农村，激活农村发展的动力与活力，是国家经济发展到一定阶段的必然选择。乡村的振兴不是单纯的农业产量增加、农村经济增长，而是农村经济、文化、生活环境和生态资源持续利用的全面发展，是要让大家能“望得见山、看得见水、记得住乡愁”。因此，乡村振兴既要有“外表”基础设施的更新，更要有“内核”乡村精神风貌的更新，而我国五千年的农耕文明历史正是塑造新时代乡村精神风貌的基础，同时实施乡村振兴战略也是传承中华优秀传统文化的有效途径。

全球重要农业文化遗产（GIAHS）倡议最早由FAO于2002年发起，旨在推动全球优秀传统农业文化遗产的动态保护和可持续发展。截至2019年1月，FAO在全球共认定了57项遗产，我国拥有15项，居各国首位。入选GIAHS需符合5项基本

条件：一是仍然保持着能为当地百姓提供生计安全的农业食物生产模式；二是具有丰富的生物多样性，发挥着重要的生态系统功能；三是蕴含着丰富的本土农业知识体系与技术；四是具有深厚的历史积淀和丰富的文化多样性，在社会组织、精神、宗教信仰和艺术等方面具有文化传承的价值；五是具有独特的景观和水土资源管理特征。农业文化遗产可为乡村振兴提供丰富要素、重要平台和发展路径，如美味优质的生态产品、和谐的自然与人文景观、多彩的民俗文化活动、良好的农业生态环境、传统可持续的农业生产方式，都是乡村“五个振兴”不可复制的优势资源。

二、GIAHS 工作推动了乡村的发展与振兴

我国是最早响应GIAHS倡议的国家之一，浙江青田稻鱼共生系统于2005年成功入选首批GIAHS名单，时任浙江省委书记习近平曾给予专门批示，要求勿使其失传。长期以来，农业农村部持续加强农业文化遗产的保护与发展工作，秉承“保护优先、合理利用，整体保护、协调发展，动态保护、功能拓展，多方参与、惠益共享”的方针，不断丰富遗产保护理论和实践，在遗产管理、科技支撑、国际交流、宣传推广等方面不断取得新进展，如中国在全球第一个建立国内遗产网络、第一个发布国家级管理办法、第一个启动遗产监测评估、科研论文专著数量第一等。通过GIAHS工作挖掘了传统农耕的智慧，使农业焕发了新活力，乡村发展增加了新动能，一二三产业融合发展，中国遗产所在地已经成为乡村振兴的良好范例，为在GIAHS区域率先实施乡村振兴铺垫了厚实的基础。

1. 通过发挥品牌效应，促进了产业融合、农民增收

当前我国多数GIAHS遗产地在发展核心农业产业的同时，借助GIAHS品牌效应，围绕遗产的核心特色产业进行了产业链延伸与附加值提升，打造了一些兼具科普、体验、互动的教育旅游活动，不仅促进了一二三产业融合，还带动了农户增收。自2014年江苏兴化垛田入选GIAHS以来，其特色芋头、香葱等特色产品溢价率十分可观，从2.5元/千克涨至7.5元/千克；2017年兴化垛田接待游客超过150万人次，当地村民通过土地流转、雇佣劳作等方式直接或者间接地提高了收入。福州茉莉花茶产业带动茶农、花农2.6万户，户均增收1.2万元，花茶单价由2008年的14元/千克提高到32元/千克以上。

2. 通过遗产动态保护，建设了宜居生态家园

农业文化遗产所在地，绝大多数位于高原、山区、洼地、旱地、水源保护地等，生态系统脆弱但服务功能重要，属于重要生态功能区，也是生物多样性富集的地区。

入选GIAHS以后，各遗产地通过开展优质种质资源和传统农家品种收集、古果树挂牌保护、生态生产方式推广等，有效改进了地方的生态环境，促进了生物多样性保护。如内蒙古敖汉建立了杂粮基地，收集传统农家品种上百种；浙江青田通过建示范区向周边区域推广稻田养鱼技术；江西万年通过传统品种提纯复壮等工作有效保护了特色品种。因此，通过农业文化遗产的发掘，对促进自然生态、社会生态、传统文化、涉农产业的和谐发展有重要现实价值。

3. 通过弘扬农耕文化，打造了优秀文明乡风

"农耕文化是中华文化的根"，在农业文化遗产地表现尤为显著。青田鱼灯舞、从江侗族大歌、哈尼四季生产调等是国家甚至世界非物质文化遗产。2015年，青田鱼灯舞和从江侗族大歌在米兰世博会中国馆进行了精彩演出，稻鱼劳作演化出的灯舞和原生态无伴奏却响如清泉的侗族合唱吸引了各国人士观看，惊艳了世界。此外，为拉动地方休闲旅游，丰富农民生活，青田等地还举办了文化节、田鱼烹饪大赛、开耕节等各种节日文化活动，2018年我国15项GIAHS遗产地也分别举行了首届中国农民丰收节庆祝系列活动，展现了农业文化遗产所在地丰收场景与喜悦。贵州从江的侗族大歌节、斗牛节等已连续成功举办多届，打造了优秀乡风文明，传承了特色农耕文化。

4. 通过发挥民俗乡约，推动了有效乡村治理

GIAHS遗产地良好的乡风在经济快速发展中助推了乡村文明和环境保护。云南普洱茶农通过村规民约、管理公约等形式构建了一套古茶园保护与管理体系，实现了对古茶树资源及生态环境的有效保护。贵州从江加榜梯田的一个乡通过向农家乐收卫生管理费等方式筹集资金，推出了"垃圾银行"管理模式，村民可以用垃圾换小商品，垃圾再集中处理，形成了良性循环。此外，在农业农村部指导下，各遗产所在地也相继出台相关政策，用制度守护住了这些遗产。如，《福州市茉莉花茶保护规定》明确了福州茉莉花种植分级保护基地划定范围，按测绘结果在核心保护区进行专门管理；云南红河下发《关于红河哈尼梯田核心区村庄环境治理及传统民居恢复工程的指导意见》；河北宣化区委、区政府制定出台了《宣化传统葡萄园保护管理办法》，有效保护、发展了这片珍贵的位于城中的古葡萄园。

5. 通过国际招牌效应，吸引了各方人才回乡创业

乡村振兴，关键在人才振兴。在成功入选后，我国当前15项GIAHS遗产地中，都已经涌现出了外出能人、大学生、企业家返乡围绕农业文化遗产创业的事迹。内蒙古敖汉返乡创业大学生刘海庆，通过众筹方式带领合作社百姓种植敖汉有机小米，组织以敖汉小米为主题的夏令营等活动，实现了先融资后种植的零风险种植，造福

了遗产地百姓。江西万年稻作文化系统吸引回来的不仅是外出能人，还有其自身积累的上千万元创业资本及私人定制农庄等新颖商业形态，打造了以稻作文化为特色的集有机种植、采摘体验、休闲旅游于一体的种植基地，提升了万年稻作文化的名气。浙江青田则吸引了数位归国华侨，他们精心打造了稻鱼共生产业链条，并将遗产地特色农产品销往国外，让中国GIAHS产品走向了世界。

三、做好新时代 GIAHS 工作，打造乡村振兴特色样板间

全国范围内的乡村振兴不是一蹴而就、一步到位，需要诸多乡村振兴范式的构建、需要有计划有步骤地逐步实施，需要一部分有条件有基础的乡村率先启动，并总结经验及推广。乡村振兴战略的成功实施，离不开农业文化遗产这类特色明显、可示范先行的地区作为样板间。为此，围绕将农业文化遗产打造成乡村振兴的特色样板间这一定位，提出以下设想：

1. 打造乡村振兴“三产”融合发展样板间

乡村振兴的活力离不开有农民参与的产业兴旺。遗产地的农业生产方式决定了产出的多是生态绿色、无污染且富含丰富历史背景，具有较高附加值的农产品。遗产地的乡村也具有围绕传统农业技术、传统村落、少数民族文化等建设休闲旅游乡村的基础。因此，农业文化遗产具有一二三产业融合发展的先天优势与基础。建议每个遗产地根据其核心特色及产业，凝练1～2个“三产”融合发展模式，各级政府

给予必要政策优惠与支持，并向就近区域推广示范。

2. 打造“以金字招牌引人、以特色产业留人”的乡村人才培育孵化样板间

支持GIAHS遗产地建农业文化遗产创业园、农业文化遗产双创基地等，并配套相关的人才扶持政策，充分发挥遗产的“国际”金字招牌作用，吸引外出人才、留住已有人才、激发本土农民积极性，让农业文化遗产地成为乡村人才振兴的典型模式。

3. 打造优秀农耕文化传承教育样板间

目前，我国GIAHS遗产所在地政府已经自发建设了一些农业文化遗产主题博物馆/博览园，例如香榧博物馆、万年稻作文化博物馆、青田稻鱼共生博览园等。在此基础上，扶持各遗产地打造优秀农耕文化传承基地，每个遗产地以博物馆、示范园等为中心，把特色农耕文化凝缩并集中展示，作为周边市民及中小学进行农耕文化学习的教育展示与体验基地，实现农耕文化的有效传承。

4. 打造农业生态与景观综合发展样板间

在层峦叠嶂梯田中的从江稻鱼鸭共生，哈尼梯田的森林—水—梯田—村寨四素同构等，本就是一道道具有生态与乡村旅游复合价值的风景。我国15项GIAHS遗产所在地都有各成特色的农业生产技术、富含少数民族特色的文化景观等，具备打造农业生态与景观综合发展基地的良好基础与条件。通过合理规划、恰当引资等方式，将GIAHS遗产地打造成农业生态与景观综合发展基地。

5. 打造村民集体参与村庄建设与发展样板间

通过遗产的认定与广泛持久宣传，农业文化遗产地的农民具有较强的文化自豪感与归属感，参与村庄建设、遗产保护与开发的积极性更高。江苏兴化千岛垛田景区、山东夏津古桑树园景区等均是由村民参与管理、共同受益的以农遗为主题的旅游农业项目。将已有项目管理经验进行总结与推广，对其他地区发展也具有较强借鉴作用。

需要说明的是，以上特色样板间的打造，并不是独立和分割的，不意味着一个GIAHS遗产所在地只能打造成一类样板间，也不意味着一个GIAHS遗产所在地必须打造成全套餐样板间，而是要综合利用当前已有的优势、资源与规划，因地制宜，将各种样板间进行随机个性化组合，打造成适宜当地的特色乡村振兴范式。

抓紧抓实新时代全球重要农业文化遗产工作，对实现遗产所在地乡村经济发展、乡土文化传承、乡村社会和谐、乡村生态健康有着特别的意义，而且通过探索出一条经济发展、生态保育与文化传承的农业文化遗产保护之路，可以为世界农业与农村可持续发展贡献出中国方案。

中国全球重要农业文化遗产保护发展报告2019

引言

FAO于2002年发起全球重要农业文化遗产倡议，旨在推动全球优秀传统农业文化遗产的动态保护和可持续发展。我国是最早响应FAO提出的GIAHS倡议的国家之一，并推动浙江青田稻鱼共生系统入选2005年首批GIAHS试点名单。截至2019年1月，FAO在全球共认定了57项遗产，我国拥有15项，遗产数量居各国首位。

一、主要工作及成效

近年来，我国秉承“保护优先、合理利用，整体保护、协调发展，动态保护、功能拓展，多方参与、惠益共享”的工作方针，不断丰富遗产保护理论和实践，从中央到地方都建立起了一套较为系统的工作机制，在遗产管理、科技支撑、国际交

全球首家GIAHS主题餐厅

流、宣传推广等方面不断取得新进展，并实现了诸多世界第一：拥有GIAHS数量第一、科学论文及著作数量第一、第一个发布国家级管理办法、第一个启动监测评估工作、第一个开设GIAHS主题餐厅、第一个拍摄GIAHS主题微电影、第一个推动GIAHS对外结对子等。总体来讲，我国通过农业文化遗产工作挖掘了传统农耕的智慧，使传统农业焕发了新活力，乡村发展增加了新动能。

1.GIAHS已成为我国在FAO最具引导力的领域之一

我国直接参与推动了FAO GIAHS评选规则制定。自GIAHS启动以来，由我国推荐的中国科学院李文华院士曾连续两届担任FAO GIAHS专家委员会主席，主持了相关规则的制定；近两年，我国连续派员赴FAO GIAHS秘书处任职，参与秘书处发展规划、管理机制的制定与完善。2016年我国专家成功当选GIAHS专家咨询小组（GIAHS专家委员会2015年年底解散）第一任主席，在推进GIAHS的认定和科研管理中发挥积极作用。同时，我国GIAHS管理模式在FAO得到广泛推广，并被众多国家所仿效。我国积极派代表参与GIAHS相关国际会议、论坛等活动，将中国的遗产地情况、管理机制、发展经验、特色产品展示等贯穿其中，实现了有GIAHS的地方就有中国声音。在我南南合作信托基金GIAHS项目支持下，当前世界上已经有70多个国家和地区的近150多名官员学者到我国来学习GIAHS保护与管理经验，近年来向FAO提交GIAHS申请的国家，90%以上都派员参加过我国举办的培训班。

中国已连续在华举办六期GIAHS高级别培训班

2.GIAHS成为农业对外合作交流的靓丽名片

在农业农村部国际合作司的积极推动下，GIAHS工作被纳入2014年《亚太经合组织粮食安全北京宣言》及2016年《G20农业部长会议公报》，被列入中欧、中韩、中日、中意等双边农业合作议题。此外，我国先后组织20多个驻华使馆农业官员赴遗产地参观考察，积极宣传我国农耕文明和可持续发展理念；推动我国GIAHS与有关国家开展结对子交流，福州茉莉花茶系统与法国勃艮第葡萄园、江苏兴化垛田农业系统与墨西哥城浮田系统等陆续签署合作备忘录。

| 江苏兴化垛田农业系统与墨西哥城浮田系统签署合作备忘录

3.GIAHS管理机制建设得到有效加强

为了使GIAHS管理工作更加有序，2015年我国推动出台了全球首个《重要农业文化遗产管理办法》，并以农业部公告形式发布；自2014年开始，已连续组织召开6届中国GIAHS工作交流会，成为我国GIAHS遗产地交流保护管理与开发利用经验的重要平台；我国15项遗产地中已有6项成立了专门的GIAHS保护管理部门；支持专家委员会建立中日韩GIAHS学术交流机制，在中国农学会下成立农业文化遗产分会，带动国内20多家高校及相关科研单位参与到农业文化遗产的学术研究与交流当中；建立预备资源储备制度，已发布两批中国GIAHS预备名单，逐步形成包括专家

函审、现场答辩、实地考察等环节的GIAHS遴选机制；为避免“重申报、轻保护”现象，自2014年起研究启动动态监测工作，目前已初步形成年度监测、第三方定期评估和反应性监测（不定期核查）三部分内容组成的监测评估体系。

2019年7月30日，第六届全球重要农业文化遗产（中国）工作交流会在福建安溪召开

2019年7月29日，2019年GIAHS申报陈述答辩会在京召开

农业农村部办公厅文件

农办外〔2019〕5号

农业农村部办公厅关于公布第二批
中国全球重要农业文化遗产预备名单的通知

各省、自治区、直辖市农业农村（农牧）厅（局、委）：

为深入贯彻习近平新时代中国特色社会主义思想和党的十九大精神，加快生态文明建设和文化建设，促进乡村振兴战略实施，按照《农业农村部办公厅关于开展第二批全球重要农业文化遗产候选项目遴选工作的通知》（农办外函〔2018〕15号）要求，我部组织开展了第二批中国全球重要农业文化遗产候选项目的遴选工作。依据《重要农业文化遗产管理办法》（农业部公告第2283号），经省级农业农村行政主管部门遴选推荐、农业农村部全球重

— 1 —

公布第二批中国GIAHS预备名单

4.GIAHS公众认知不断提升

我国积极利用国内外重要平台开展相关宣传活动，组织设计制作了GIAHS画册、明信片等系列宣传材料，在农业农村部网站上开设GIAHS英文专栏，支持中央电视台、意大利广播电视台等新闻媒体分别拍摄了《农业遗产的启示》《天人合一》《红河哈尼梯田地区特色饮食文化》等农业文化遗产题材的纪录片。2014年在中国国际农产品交易会上设GIAHS展区，微缩的稻田养鱼等模型吸引了海内外访客，来自遗产地的特色农产品也大放异彩，获多枚金奖；2015年参与米兰世博会中国馆主题展，并组织了来自我国GIAHS遗产地的贵州从江侗族大歌和浙江青田鱼灯舞表演。2017年第15届中国国际农产品交易会期间举办了GIAHS主题展，展示了各国遗产地传统农耕的智慧、魅力与奥秘，提升了遗产地优质农产品的市场认知度；许多遗产所在地将农业文化遗产写进中小学教材，提升了广大青少年对农耕文明的认知度和自豪感。2018年、2019年中国农民丰收节期间，组织中国GIAHS所在地开展以遗产为核心元素的特色庆祝活动，传承弘扬中华优秀农耕文化。

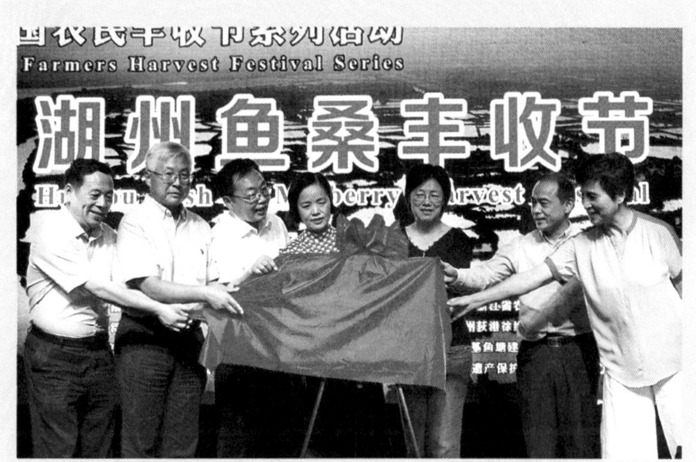

中国GIAHS所在地积极组织农民丰收节庆祝活动

5.GIAHS遗产地农户经济收益持续增长

我国GIAHS遗产地多处于贫困地区，借助入选GIAHS及系列宣传推广活动，不少遗产地及其产品附加值显著提升，带动了农民收入增长。浙江青田已培育出稻鱼共生生态大米、青田田鱼等品牌；敖汉小米成为敖汉旗乃至内蒙古的一张金名片；福州茉莉花茶产业因GIAHS的认定重获新生；浙江绍兴农民来自香榧产业的收入增加四成以上；陕西佳县红枣价格从2元/千克增长到6元/千克。此外，特色旅游特色产业发展吸引了当地年轻人回乡创业，激发了遗产地活力。

6.GIAHS遗产地生物多样性与生态保护效应显著

生态环境与生物多样性保护工作得到有力推进。入选GIAHS以后，各遗产地通

过开展优质种质资源和传统农家品种收集、古果树挂牌保护、生态生产方式推广等，有效改进了地方的生态环境，促进了生物多样性保护。如内蒙古敖汉建杂粮基地，收集传统农家品种上百种；青田建示范区，积极推广稻田养鱼技术；江西万年通过传统品种提纯复壮等工作遏制了传统品种种植面积下降的趋势。

2019年6月5日，“以全球重要农业文化遗产保护与发展促进乡村振兴研讨会”在山东夏津举办

二、面临的问题

总体来看，各地对遗产工作普遍比较重视，多数采取了切实举措推动遗产事业发展，各项指标保持稳中有进、稳中向好，但也有些地方的工作开展得并不尽如人意，甚至到了危及遗产生存的地步。

1.国内GIAHS工作缺乏专项经费支持

大多数遗产地处于重要生态功能区，同时也是农耕文化和民族文化资源丰厚地区和经济贫困地区，虽然已经通过转移支付、生态建设、扶贫等方面给予了一定支持，但支持力度远远小于动态保护的需求。尽管2016年、2017年、2018年的中央1号文件都明确提出了对于农业文化遗产的保护，但远不及对自然保护区、文物保护单位、非物质文化遗产保护甚至传统村落保护的重视程度。目前农业农村部仅有农业国际交流合作专项可对新遗产申报和国际交流给予微小支持，经费支持不足一定程度上限制了遗产保护和发展工作开展。

2.农业文化遗产保护意识仍需提高

一是遗产所在地农民的认知水平较低，有宝不识宝或者只追求眼前利益而忽视生态环境的保护；二是部分遗产所在地政府仍存在重申报、轻管理的现象，缺乏“一张蓝图绘到底”的责任感和担当意识，存在“等、靠、要”的想法。

3.保护与开发的关系需要进一步厘清

保护是开发的基础。一定要坚守“绿色发展，生态优先”的底线，用政策手段守住传统基因，做好生态环境、传统技术、农耕文化、乡村景观等的保护。目前来

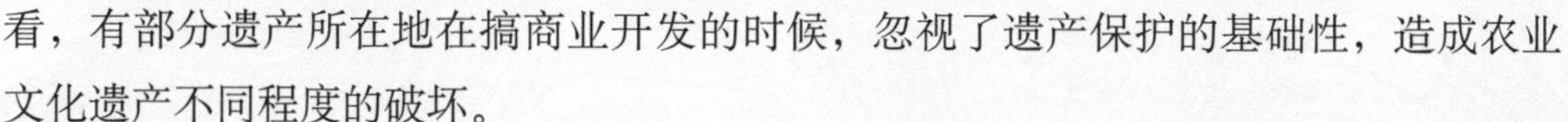

看，有部分遗产所在地在搞商业开发的时候，忽视了遗产保护的基础性，造成农业文化遗产不同程度的破坏。

4. 利益分享机制有待完善

农民是遗产保护的主体，对遗产的保护与开发一定要注重保护农民的利益。虽然各地探索了一些方法和途径，但在农民参与利益分配机制建设方面仍需探索更加有效的引导措施，需要进一步解放思想、开拓机制。

三、下一步工作

1. 加强顶层规划与设计

建议把GIAHS打造成乡村振兴的特色示范样板，通过农业文化遗产的建设率先进行乡村振兴模式的探索和成果的宣传与推介。在乡村振兴的相关规划、政策中明确资金等向农业文化遗产领域倾斜，为各遗产地农业文化遗产工作营造更好政策环境。

2. 做好国内GIAHS动态保护工作，从供给侧拓展我国品牌农业、特色农业发展模式

GIAHS的动态保护和适度发展是开展农业文化遗产国际合作的根基。要防止地方重申报、轻保护的思想：一方面进一步完善监测评估工作，用数据和成效来测量遗产地动态保护的情况，督促地方工作到位；另一方面，积极探索一二三产业融合发展模式，通过品牌建设、农旅融合等充分激发遗产保护内生动力，进一步提高农民受益程度，让农民从被动参与转为主动保护。

3. 加强内外宣传，为遗产所在地创造更多国际交流机会

支持各遗产所在地组织、参加GIAHS相关研讨会、学术会、国际论坛、国内外遗产地结对子等活动，鼓励遗产所在地相关人员到其遗产国家去交流学习，开阔工作思路、分享中国经验、促进理念和产品的输出。

4. 做好申报农业文化遗产工作，争取将更多好的传统农业生态系统纳入GIAHS

做好农业文化遗产的挖掘和申报工作，加强与FAO的沟通协调。一方面继续推动农业文化遗产工作的主流化、机制化，另一方面稳步开展申遗工作，逐步扩大我国GIAHS的数量，丰富遗产种类，不断提高我国在农业文化遗产领域的国际地位和影响力。

农业文化遗产保护
“多方参与”的关口应提前*

徐明　郭丽楠

2017年11月23～24日，FAO全球重要农业文化遗产专家咨询小组会议在意大利罗马召开，我国浙江湖州桑基鱼塘系统和甘肃迭部扎尕农林牧复合系统通过专家评审获得批准，入选全球重要农业文化遗产保护名录，同时申报的中国南方稻作梯田（含福建尤溪联合梯田、江西崇义客家梯田、湖南新化紫鹊界梯田、广西龙胜龙脊梯田）和山东夏津黄河故道古桑树群也获得原则性评审通过。至此，我国有15个项目进入了全球重要农业文化遗产保护大家庭，居世界第一。

* 本文原刊于《光明时报》2017年11月27日2版。

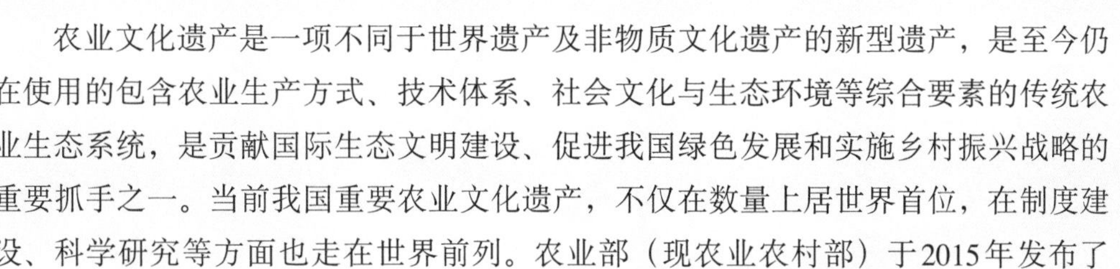

农业文化遗产是一项不同于世界遗产及非物质文化遗产的新型遗产，是至今仍在使用的包含农业生产方式、技术体系、社会文化与生态环境等综合要素的传统农业生态系统，是贡献国际生态文明建设、促进我国绿色发展和实施乡村振兴战略的重要抓手之一。当前我国重要农业文化遗产，不仅在数量上居世界首位，在制度建设、科学研究等方面也走在世界前列。农业部（现农业农村部）于2015年发布了《重要农业文化遗产管理办法》，进一步明确了农业文化遗产管理的“动态保护、协调发展、多方参与、利益共享”原则。

多方参与，顾名思义，就是指政府、研究机构、企业、农民合作社等与农业文化遗产相关的主体均可以参与到农业文化遗产的保护与管理中。然而，要想鼓励多方参与，仅从申遗成功后的保护与管理开始是不够的，也是缺少基础的，在遗产申报准备之时，就应请所涉及的主体参与进来。

不妨先从一个有意思的对比说起。有学者说，我国农业文化遗产从规模上是超越日本的，但从保护与管理的细致用心程度上则有所不及。我国遗产申报具有数量优势，但从中日两国申报文本来看，我国大部分全球重要农业文化遗产的申报面积小于日本遗产的面积。例如，我国现有全球重要农业文化遗产中，遗产系统面积超过1 000平方千米的只有普洱古茶园系统和敖汉旱作梯田系统，而日本8项遗产中，超过1 000平方千米的就有5个。细研之，我国农业文化遗产计算的申报面积，主要围绕单一的特色农业系统面积进行统计，而日本的农业文化遗产系统则是以当地整个地区为核心，而非某一生产体系。

中日农业文化遗产申报出现这种差距，原因之一是申报主体的性质不同。根据我国《重要农业文化遗产管理办法》，目前无论申报全球重要农业文化遗产还是国家农业文化遗产，申报主体都是遗产所在地的政府。而日本的申报主体则多是一个为了申报而专门成立的协会，其中高校、科研机构、地方农协及中央农业部门、地方政府都是成员，各方机构和单位共同撰写申报文本，在多单位建言献策的基础上，遗产大体系应运而生。因此，在申报成功后的管理保护中，日本拥有更多的灵活度。

这一差异主要由两国不同的理念所致。作为一项遗产，并不是说申报面积越大越好，也不是将遗产核心之外的内容统统包括进系统就是恰当的。但通过遗产保护，促进农民增收、促进农村文化传承与技术延续是共同目的。从日本等国的不少案例可以看出，早期的多方参与有助于在申遗设计之初进行更充分的通盘考虑，为后期遗产地的更好管理和适度发展打下基础，有助于更好调动参与者的积极性，进一步扩大农业文化遗产申报主体、保护主体和受益主体的交集，从而形成更好的责任共担和利益共享机制。

中日韩全球重要农业文化遗产管理体系比较及对中国的启示*

刘海涛　徐　明

一、引言

实施乡村振兴战略是未来很长一段时间中国农业乃至经济社会发展的基本遵循。习近平总书记高度重视农耕文化的弘扬，并强调，“中国特色社会主义乡村振兴道

* 本文原刊于《世界农业》2019年第5期73 ～ 79页和90页。

路怎么走，必须传承发展提升农耕文明，走乡村文化兴盛之路”[1]。2002年，FAO提出“全球重要农业文化遗产”（GIAHS）倡议，旨在建立一个全球性的遗产网络，促进传统农业生产系统及相关景观、生物多样性、知识文化等的保护[2-4]。截至2019年1月，全球共有21个国家的57个系统被FAO认定为GIAHS[5]。这些农业系统不仅能够可持续地提供粮食和其他生态系统服务，还承载着宝贵的农业生物多样性、巧妙的资源管理知识、传统农耕文化以及农民多年与自然相处形成的独特景观[6]，对于保障粮食安全与生态安全、保护生物多样性、缓解贫困、促进农业可持续发展及农村生态文明建设等具有重要的战略意义。农业文化遗产具有乡村振兴的多种资源[7]，可为乡村振兴提供天然优势和宝贵抓手。

中日韩三国农民勤劳智慧，在长期的农业实践中积累了朴素而丰富的经验，孕育了种类繁多、特色鲜明的传统农耕文明，时至今日仍对亚洲乃至全球的粮食安全和社会发展起到重要作用。截至2019年1月，中日韩三国共有30个系统被认定为GIAHS，数量超过全球总数的一半。中日韩三国在GIAHS保护与管理方面都积累了一定的经验并各具特点，分析中日韩三国不同GIAHS管理体系特点，有利于进一步完善我国GIAHS管理体系，并将对我国更好利用农业文化遗产为抓手促进乡村振兴战略实施具有重要现实意义。

二、中国的 GIAHS

（一）现状

我国是最早响应GIAHS倡议的国家之一，并为推动GIAHS事业蓬勃发展做出突出贡献[8]。经过十余年的实践，我国在政策法规、保护实践、科学研究、监督评价、科普宣传和国际交流等方面取得了显著成效，成为国际农耕文明保护事业的领军者，如我国在全球第一个建立国内遗产网络、第一个发布国家级管理办法、第

一个启动遗产监测评估等[9]。截至2019年1月，我国拥有15项GIAHS，涵盖13个省份，涉及种植业、林业、农林牧复合系统等类型，遗产数量居各国首位（表1）。在GIAHS项目的带动和相关理念的影响下，农业部（现农业农村部）于2012年启动了中国重要农业文化遗产（NIAHS）工作，截至2019年1月共发掘认定了91个NIAHS，涵盖28个省份。我国在GIAHS保护与发展方面取得的成绩与经验得到了FAO总干事等的高度赞赏[9]，涌现出一批遗产保护与利用的典型，在脱贫致富、生态保护与文化传承中发挥了重要作用。

表1　中日韩三国全球重要农业文化遗产（GIAHS）

类型	中国的GIAHS	日本的GIAHS	韩国的GIAHS
梯田系统	共5项 云南红河哈尼稻作梯田系统 中国南方山地稻作梯田系统： 江西崇义客家梯田 福建尤溪联合梯田 湖南新化紫鹊界梯田 广西龙胜龙脊梯田		共1项 青山岛板石梯田农作系统
湿地农业系统	共1项 江苏兴化垛田传统农业系统	共1项 佐渡岛稻田－朱鹮共生系统	
旱作系统	共1项 内蒙古敖汉旱作农业系统	共1项 西原陡坡土地农业	共1项 济州岛石墙农业系统
复合系统	共4项 浙江青田稻鱼共生系统 贵州从江侗乡稻鱼鸭系统 甘肃迭部扎尕那农林牧复合系统 浙江湖州桑基鱼塘系统	共3项 能登半岛山地与沿海乡村景观 大分县国东半岛林－农－渔复合系统 宫崎山地农林复合系统	
农作物品种及栽培系统	共1项 江西万年稻作文化系统	共1项 静冈传统芥末种植	共1项 锦山郡传统人参种植系统
古树资源系统	共3项 浙江绍兴会稽山古香榧群 陕西佳县古枣园 山东夏津黄河故道古桑树群	共1项 和歌山青梅种植系统	
蔬菜与瓜果类	共1项 河北宣化城市传统葡萄园		
茶叶类	共2项 云南普洱古茶园与茶文化系统 福建福州茉莉花与茶文化系统	共1项 静冈县传统茶－草复合系统	共1项 花开传统河东茶农业系统
畜牧业		共1项 熊本县阿苏可持续草地农业系统	
渔业		共1项 岐阜长良川渔业系统	
水利灌溉类		共1项 大崎可持续稻田水管理系统	

（二）管理机制

我国农业部门长期秉承“保护优先、合理利用，整体保护、协调发展，动态保护、功能拓展，多方参与、惠益共享”的方针，形成了“国内外互动、上下级联动、专家技术支撑”的工作机制[9]。农业部于2014年先后成立了全球重要农业文化遗产专家委员会和中国重要农业文化遗产专家委员会，由20多位跨专业跨领域的院士和专家组成，为我国农业文化遗产事业提供智力支持[10-11]。2015年，我国颁布实施全球首个《重要农业文化遗产管理办法》，规定进入我国GIAHS预备名单的遗产必须先入选NIAHS。根据我国政府最新的机构改革方案，我国重要农业文化遗产由农业农村部社会事业促进司负责，全球重要农业文化遗产由农业农村部国际合作司负责，农业农村部国际交流服务中心具体承担GIAHS相关工作，形成了国内国际双轨运作、全面覆盖的完整管理体系。此外，我国的大部分遗产所在地成立了专门的管理机构（表2），负责农业文化遗产的保护与利用。资金方面，中央层面的农业文化遗产专项资金支持力度不足，农业农村部只给每个项目提供少量种子资金，文化遗产的保护经费还主要依靠遗产所在地政府提供。

表2　我国全球重要农业文化遗产（GIAHS）地方管理机构

系统名称	管理机构	工作人数	年工作经费（人民币）/万元
浙江青田稻鱼共生系统	青田县稻鱼共生产业发展中心/青田县稻鱼共生系统保护工作领导小组	6/18	30/0
江西万年稻作文化系统	江西省万年县农业农村局		
云南红河哈尼稻作梯田系统	红河哈尼族彝族自治州世界遗产管理局	13	340
贵州从江侗乡稻鱼鸭系统	从江县农业文化遗产保护与发展工作委员会	20	0
云南普洱古茶园与茶文化系统	普洱市农业农村局		
内蒙古敖汉旱作农业系统	敖汉旗农业遗产保护中心	5	30
浙江绍兴会稽山古香榧群	绍兴市会稽山古香榧群保护管理局	4	0
河北宣化城市传统葡萄园	“宣化城市传统葡萄园”农业文化遗产保护管理委员会	31	200
陕西佳县古枣园	全球重要农业文化遗产保护领导小组/办公室	14/5	100/50
江苏兴化垛田传统农业系统	兴化市农业农村局		
福建福州茉莉花与茶文化系统	福州市农业农村局		

（续）

系统名称	管理机构	工作人数	年工作经费（人民币）/万元
甘肃迭部扎尕那农林牧复合系统	迭部县农牧局遗产办	5	15
浙江湖州桑基鱼塘系统	桑基鱼塘系统保护与发展工作领导小组	20	216
山东夏津黄河故道古桑树群	夏津县农业农村局		
南方山地稻作梯田系统—福建尤溪联合梯田	联合镇人民政府		
南方山地稻作梯田系统—江西崇义客家梯田	崇义客家梯田申遗与保护领导小组办公室	22	500
南方山地稻作梯田系统—湖南紫鹊界梯田	遗产管理局	10	40
南方山地稻作梯田系统—广西龙胜龙脊梯田	龙胜各族自治县人民政府		

（三）主要措施

一是丰富保护实践。我国根据国情农情和农业文化遗产特点，开展了一系列保护与发展探索，深入挖掘遗产的多功能性，完善利益分享机制，进一步提高遗产所在地小农收入，让农民从被动参与到主动保护，助力农民富裕生活。二是制定了管理办法。率先在全球出台《重要农业文化遗产管理办法》等文件，构建了农业文化遗产保护的规范管理体系。三是重视监测评估工作。为避免遗产所在地政府“重申报、轻保护”现象，我国逐渐建立了GIAHS“三位一体”的动态监测评估体系，包括年度监测、第三方定期评估和反应性监测[6]。四是多渠道开展宣传活动。出版《中国重要农业文化遗产系列读本》《全球重要农业文化遗产故事绘本》等，展示了遗产的风貌，扩大农业文化遗产的影响力。结合中国农民丰收节，积极举办庆典等活动，突出农民主体的参与度，增强遗产所在地农民的自豪感。五是积极开展国际交流与合作。我国积极向国际社会宣传GIAHS理念，在我国的推动下，GIAHS保护成功写入2014年《APEC粮食安全北京宣言》和2016年《G20农业部长会议公报》[5]，并与相关国家相似遗产开展“结对子”活动，促进农耕文明交流互鉴。

三、日本的GIAHS

（一）现状

日本农业发展面临老龄化加剧的瓶颈问题，因此日本政府高度重视GIAHS，成

为第一个响应GIAHS倡议的发达国家[12]。自2011年入选首批GIAHS以来，日本共有11个系统入选GIAHS（表1），数量仅次于中国。2016年，日本启动了国家级农业文化遗产（J–NIAHS）评选工作，截至2019年1月已有8个系统入选J–NIAHS。日本成功申报的11项GIAHS覆盖种植业、林业、牧业、渔业、农林复合系统、农林渔复合系统等[13]，各类型GIAHS相对均衡。

（二）管理机制

日本GIAHS的申报与管理由协会、企业与政府共同参与[12]。日本农林水产省具体负责全国GIAHS申报、国际交流、监测评估等工作。日本农林水产省于2013年成立了农业文化遗产专家委员会，由旅游、环境、生态、经济、乡村规划、渔业等领域7名专家组成。2015年，农林水产省启动了监测评估工作，将申报GIAHS时制定的行动计划作为考核监测的主要内容之一。并于2016年发布了《关于同意参选全球重要农业文化遗产及认证日本农业遗产的实施纲要》[12]。此外，日本每个遗产地都在政府的支持下成立了遗产推进协会，并建立了由每个GIAHS地代表组成的全国性网络（J–GIAHS Network）[14]。协会在GIAHS申报、保护过程中起到关键作用[12]。遗产地之间的沟通，主要通过11个GIAHS遗产所在地轮流举办GIAHS工作交流会。日本在遗产地申报为GIAHS时即需要提交5年行动计划，在该行动计划执行的第三或第四年，农林水产省开始进行监测，监测后向遗产地提出修改意见，遗产地据此调整行动计划。资金方面，虽然日本农林水产省还没有专门的GIAHS保护资金，但是现有的各项支农专项都能向GIAHS地倾斜，遗产地也可以从企业、协会等单位获得赞助与支持[12]。

（三）主要措施

一是打造品牌[13]。日本各遗产地非常注重遗产地品牌建设，截至2019年1月日本11个遗产地中有9个遗产地已经设计了其独特的品牌标识，提高了农业文化遗产的辨识度。二是鼓励多方参与。一方面各遗产地通过开设农业文化遗产培训班，培训当地农民熟悉、掌握当地传统生产方式。另一方面通过文化协会，开展传统文化传承工作。此外，有些遗产地与学校合作，对学生进行遗产社会实践教育。三是注重宣传推介。日本地方政府企业和民众都十分重视对遗产地的宣传推介工作，通过组织公开招标评选GIAHS标识、制作相关宣传品、举办有关庆祝活动等，加强与当地民众的互动[12]。此外，日本政府还利用教科书、漫画书、博物馆等多种形式让当地居民和下一代重新认识当地农耕文化的重要性，提高当地居民文化自信。

四、韩国的GIAHS

（一）现状

与中日两国不同，韩国在开始GIAHS认证之前已经实施国家认证制度。2012年，韩国农林畜产食品部正式开展韩国重要农业文化遗产（KIAHS）的认定和评选工作，同年颁布实施了《韩国国家级重要农业和渔业遗产系统的管理方针和遴选标准》。2013年，随着海洋水产部的成立，韩国将渔业文化遗产从KIAHS中分离，于2015年启动了韩国重要渔业文化遗产（KIFHS），由海洋水产部实施发掘和保护工作[15]。截至目前，韩国共认定了9项重要农业文化遗产和5项重要渔业文化遗产，其中有4个系统被认定为GIAHS（表1）。

（二）管理机制

韩国农业文化遗产的管理体系把社区的功能进一步发挥出来。与中日两国一样，遗产遴选、认定、监测评估等工作由中央政府负责，申报书和行动计划编制由遗产所在地政府完成，而具体的保护工作的落实由当地社区负责[15]。2015年，韩国政府颁布了农业文化遗产特别法令，旨在通过农业文化遗产工作提高乡村居民的生活质

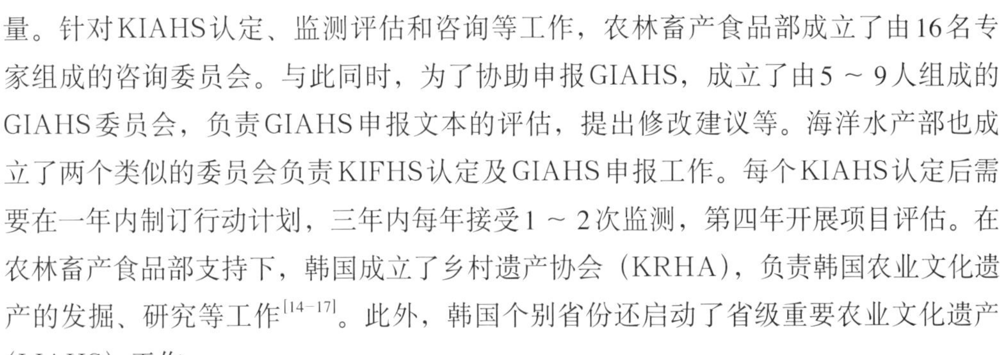
量。针对KIAHS认定、监测评估和咨询等工作，农林畜产食品部成立了由16名专家组成的咨询委员会。与此同时，为了协助申报GIAHS，成立了由5 ～ 9人组成的GIAHS委员会，负责GIAHS申报文本的评估，提出修改建议等。海洋水产部也成立了两个类似的委员会负责KIFHS认定及GIAHS申报工作。每个KIAHS认定后需要在一年内制订行动计划，三年内每年接受1 ～ 2次监测，第四年开展项目评估。在农林畜产食品部支持下，韩国成立了乡村遗产协会（KRHA），负责韩国农业文化遗产的发掘、研究等工作[14－17]。此外，韩国个别省份还启动了省级重要农业文化遗产（LIAHS）工作。

（三）主要措施

一是资金预算有保障。2013年，韩国启动了“农村多种资源综合利用项目”，为每个KIAHS所在地提供为期3年共计15亿韩元的预算支持，用于支持农业文化遗产的恢复、保护及环境整治和旅游配套建设，其中70%来自农林畜产食品部，30%由遗产地政府配套；为每个KIFHS所在地提供为期3年共计约7亿韩元的预算支持，其中70%来自海洋水产部，30%由遗产所在地政府配套[14－16]。每个GIAHS还可在项目结束后申请2亿韩元的修复项目。此外，从2019年开始，每个KIAHS、KIFHS和GIAHS候选地均可申请20亿～ 30亿韩元的乡村振兴项目。二是重视品牌塑造。韩国设计并推广了独特的KIAHS和KIFHS标识。与此同时，各遗产所在地政府也围绕本遗产系统的特征积极开展品牌开发，提高本地居民和参观者对遗产系统的认知度，并利用韩国影视行业优势，通过植入等方式推介农业文化遗产特色产品，很好地实现了品牌塑造的目的[15]。

五、中日韩三国 GIAHS 管理体系比较

中日韩三国都高度重视农业文化遗产保护与管理工作，尤其是中日两国的很多工作都是开创性的，在推进GIAHS的全球发展方面起到了火车头的作用[12]。韩国虽然起步较晚，但在农业文化遗产遴选、申报、保护、监测等方面得到快速发展[16－17]，并取得了很好的成效。中日韩三国在农业文化遗产保护与管理方面既有相似之处，也有各自独特之处。

（一）概况

中国是最早入选GIAHS试点的国家，浙江青田稻鱼共生系统于2005年被认定为全球首批GIAHS试点。截至2019年1月，中国拥有15项GIAHS；日本拥有11项，于2011年开始入选GIAHS；韩国拥有4项GIAHS，首次认定时间为2014年。

中国和日本都是国际带动国内，分别在首次认定GIAHS之后的第7年和第5年开始国家级农业文化遗产的挖掘工作。韩国于2012年启动国家级农业文化遗产挖掘工作，并于2014年开始入选GIAHS名录。

（二）政策与资金

中日韩三个国家都相继出台了相应管理性文件。中国农业部于2015年颁布实施了全球首份国家级农业文化遗产管理办法——《重要农业文化遗产管理办法》，科学指导地方开展遗产工作并加强对遗产的规范管理。日本农林水产省农村振兴局于2016年发布了《关于同意参选全球重要农业文化遗产及认证日本农业遗产的实施纲要》（2016年农振法第12号）。韩国于2012年颁布实施了《韩国国家级重要农业和渔业遗产系统的管理方针和遴选标准》。2015年，韩国政府又针对农业文化遗产的认定、保护和利用颁布了特别法令。虽然中日韩三国都建立了文化遗产管理体系，但比较而言，韩国是政府发布的特别法令，中国是农业农村主管部门办公厅文件，而日本是农业主管部门的主管司局发布的文件，文件级别依次降低。

资金方面，韩国的直接专项资金支持力度较大。韩国政府为每个KIAHS所在地提供为期3年共计15亿韩元的预算支持，为每个KIFHS所在地提供为期3年共计约7亿韩元的预算支持。上述三年期项目结束后，每个GIAHS还可申请2亿韩元的修复项目。日本虽未有专设的直接资金支持，但可以与现有日本各项支农专项相结合，并有效吸收相关企业、协会等资源，基本能够保证较大的资金支持。相比而言，中国遗产所在地直接从中央部门获得的专项资金支持最小，从2013年起通过农业国际交流与合作专项对部分GIAHS所在省级农业部门或地方政府给予少量的资金支持，用于遗产申报和对外交流合作等相关工作，遗产的保护经费主要来自遗产所在地政府。

（三）监测评估

中国率先在全球启动GIAHS的监测评估工作，制定了详细的监测评估指标体系，并创新性地开展了第三方独立评估和尝试引入退出机制。日本的监测评估工作同样走在前列，但与中国不同，日本的监测重点主要偏重于行动计划的实施。而中国的监测重点是GIAHS本身的实质性保护与发展，关注的是如何将GIAHS工作与遗产所在地自身经济、社会等发展具体结合，以有效地促进遗产地农业发展、农民增收和社会进步。韩国同样制定了详细的监测计划，然而其监测的重点是实施的发展项目，监测的指标更倾向于一些物理指标，包括游客数量、项目预算执行情况、数据收集、当地培训、宣传等。韩国政府有意调整监测指标，未来可能将生物多样性保持、可持续发展、生态环境保护、文化传承等纳入核心监测指标。

中日韩三国农业文化遗产管理体系比较具体见表3。

表3 中日韩三国农业文化遗产管理体系比较[12-18]

比较项	中国	日本	韩国
首个GIAHS认定时间	2005年	2011年	2014年
NIAHS评选启动时间	2012年	2016年	2012年
遗产数量（截至2019年1月）	15项GIAHS 91项NIAHS	11项GIAHS 8项NIAHS	4项GIAHS 14项NIAHS。其中，韩国分别认定农业文化遗产（KIAHS）9项和渔业文化遗产（KFAHS）5项
管理部门	GIAHS由农业农村部国际合作司负责，国际交流服务中心协助管理；NIAHS由农业农村部社会事业促进司负责。此外，大部分遗产所在地政府成立了专门的管理机构	农林水产省农村振兴局负责，每个遗产地都在政府的支持下成立了遗产推进协会，并建立了由每个GIAHS地代表组成的全国性网络	KIAHS由农林畜产食品部负责；KFAHS由海洋水产部负责；在农林畜产食品部支持下成立了韩国乡村遗产协会
专家委员会	2014年分别成立全球重要农业委员会和中国重要农业委员会	2013年成立日本农业文化遗产专家委员会，同时负责GIAHS和NIAHS的遴选和认定工作	农林畜产食品部和海洋水产部分别成立了KIAHS/KFAHS和GIAHS专家委员会
政策法规	2015年颁布实施《重要农业文化遗产管理办法》	2016年发布《关于同意参选全球重要农业文化遗产及认证日本农业遗产的实施纲要》	2012年颁布实施《韩国国家级重要农业和渔业遗产系统的管理方针和遴选标准》；2015年，韩国政府针对农业文化遗产的认定、保护和利用颁布了特别法令，用于提高农民的生活质量，促进乡村发展
资金支持	自2013年起对部分GIAHS所在省级农业部门、地方政府和相关科研机构给予少量种子资金支持，农业文化遗产保护资金主要由遗产所在地政府承担	虽未有专设的对农业文化遗产的直接资金支持，但可以与现有日本各项支农专项相结合，资金支持力度和覆盖面较为客观	2013年，启动“农村多种资源综合利用项目”，为每个KIAHS所在地提供为期3年共计15亿韩元的预算支持；为每个KIFHS所在地提供为期3年共计约7亿韩元的预算支持。每个GIAHS还可在三年项目结束后申请2亿韩元的修复项目
监测评估	2015年启动GIAHS监测评估工作，逐步形成了“地方年度监测”“第三方定期评估”“不定期检查”三位一体监测机制。监测指标包括政府管理、经济发展、生态保护、文化传承、社会影响五方面	2015年启动GIAHS监测评估工作，将申报GIAHS时制定的行动计划作为考核监测的主要内容之一	2014年启动KIAHS监测评估工作，2018年启动GIAHS评估工作。认定后每两年开展1～2次定期监测，第四年进行终期评估，主要评估行动计划和保护项目。现在的监测指标包括游客数量、项目预算、社区参与度、数据收集、当地培训、宣传等

六、启示与建议

（一）提高引擎作用，进一步优化GIAHS的全国规划和布局

至2019年1月，我国已有15项GIAHS共18个系统，其中9个在华东，2个在中南，3个在西南，2个在西北，2个在华北；种植业系统10项，林业系统4项，茶叶系统2项，农林牧复合系统1项，生态农业循环系统1项。从区域来看，截至2019年1月，黑龙江、吉林、辽宁、山西、河南、湖北、安徽、宁夏、四川、青海、新疆、西藏、广东、海南、台湾等地还没有GIAHS，且各区域数量不均衡，主要集中在华东地区；从类型来看，主要集中在种植业领域，立体复合系统、渔业和畜牧业系统偏少。相比之下，日本成功申报的11项GIAHS覆盖种植业、林业、牧业、渔业、农林复合系统、农林渔复合系统等，对日本未来农业文化遗产挖掘与保护有全面带动作用。韩国采取分类型申报的方式，也有利于遗产类型的均衡化和多样性发展。今后，我国在遴选推荐GIAHS时，需更加注重遗产的区域布局和类型分布，侧重推荐无GIAHS的地区以及在牧副渔等领域有突出传统特色和传承价值的农业文化遗产系统，扩大遗产的覆盖和辐射面积，提升乡村振兴引擎动能。

（二）多措并取，加强对农业文化遗产的政策创设和资金支持

大多数遗产地处于重要生态功能区，同时也是农耕文化和民族文化资源丰厚地区和经济贫困地区，我国虽然已经通过转移支付、生态建设、扶贫等方面给予了一定支持，但远不足以反映其巨大的生态和文化价值。相比日本和韩国，韩国对每个入选的KIAHS和KIFHS提供充足的资金预算支持。日本虽然没有专项资金支持，但是可以结合现有的项目重点倾斜。因此建议：

（1）通过立法促进遗产所在地政府结合乡村振兴、农业绿色发展、一二三产业融合等工作，加强对农业文化遗产的政策创设和资金支持，可在即将颁布的《乡村振兴促进法》中明确要求将农业文化遗产工作纳入遗产所在地政府本级国民经济和社会发展规划，并安排农业文化遗产经费，用于开展农业文化遗产挖掘、动态保护与合理利用工作。

（2）争取将农业文化遗产工作写入更多的规划与政策中，推动相关项目安排向GIAHS所在地倾斜，增加对农业文化遗产保护的支持力度。

（3）设立农业文化遗产专项资金，支持全国农业文化遗产的普查、申报、动态保护，扩大农业文化遗产的种类分布和区域分布的覆盖范围，设立对遗产地的生态

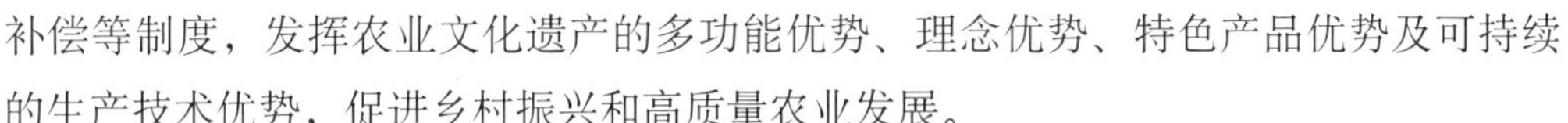

补偿等制度，发挥农业文化遗产的多功能优势、理念优势、特色产品优势及可持续的生产技术优势，促进乡村振兴和高质量农业发展。

参考文献

[1] 新华社．中央农村工作会议在北京举行 习近平作重要讲话[EB/OL]．http://www.gov.cn/xinwen/2017-12/29/content_5251611.htm.

[2]农业农村部国际合作司．从传统中汲取智慧，让古老拥抱现代：中国“全球重要农业文化遗产”新进展与新使命[J].世界遗产，2018(Z1):20-21.

[3]李文华.中国生态农业的回顾与展望[J].农学学报，2018(1):145-149.

[4]廖丹凤.日本大分县全球重要农业文化遗产保护与发展经验及其启示[J].农学学报，2019(1):62-64.

[5]FAO GIAHS 秘书处．Designated sites around the world [EB/OL]．http://www.fao.org/giahs/giahsaroundtheworld/designated-sites/en/.

[6]张灿强，沈贵银.农业文化遗产的多功能价值及其产业融合发展途径探讨[J].中国农业大学学报(社会科学版),2016 (2):127-135.

[7]闵庆文，曹幸穗．农业文化遗产对乡村振兴的意义[J].中国投资，2018(17):47-53.

[8]农业农村部国际合作司．张桃林副部长率团出席全球重要农业文化遗产国际论坛[J].世界农业，2018(5):2.

[9]农业农村部国际合作司．促进农耕文化交流互鉴：“南南合作”框架下中国对全球重要农业文化遗产保护的贡献[J].中国投资，2018(17):42-46.

[10]佚名．农业部全球重要农业文化遗产专家委员会成立[EB/OL].(2014-01-16)[2019-04-03]．http://www.gov.cn/gzdt/2014-01/16/content_2568856.htm.

[11]佚名．中国重要农业文化遗产专家委员会在京成立[EB/OL]．(2014-03-25)[2019-04-03]．http://www.gov.cn/xinwen/2014-03/25/content_2645812.htm.

[12]童玉娥，熊哲，洪志杰，等．中日农业文化遗产保护利用比较与思考 [J]．世界农业，2017(5):13-18.

[13] 张永勋，焦雯珺，刘某承，等．日本农业文化遗产保护与发展经验及对中国的启示 [J].世界农业，2017(3):139-142.

[14] 张碧天，闵庆文．日本与韩国的农业文化遗产发掘与保护经验[J].世界遗产，2018(Z1):128-131.

[15] 杨伦，闵庆文．韩国农业文化遗产的保护与发展经验[J]．世界农业，2017(2):5-8.

[16] 闵庆文，何露．韩国的农业文化遗产的保护[N]．农民日报，2013-10-18(04).

[17] 何露，刘某承．水资源利用：韩国青山岛板石梯田农作系统的启示[J]．世界遗产，2014(9):57-58.

[18] EVONNE Y，AKIRA N，KAZUHIKO T．Conparative Study on Conservation of Agricultural Heriatage System in China，Japan and Korea [J]．Journal of Resources and Ecology，2016(7)：170-179.

中国对世界农耕文明保护和农业可持续发展的特殊贡献*

——基于中国－FAO南南合作框架下的全球重要农业文化遗产项目总结

徐　明　宋雨星　熊　哲　赵　文　刘海涛

* 本文原刊于《世界农业》2019年第12期。

2002年，FAO在全球环境基金等10多个国际组织与有关国家政府的支持下，发起了全球重要农业文化遗产（GIAHS）保护倡议，旨在加强对传统农业生产系统以及相关的生物多样性、知识与文化体系、生态与文化景观等方面的保护。截至2019年10月，FAO共认定了57项农业遗产，分布在21个国家和地区[1]。中国是该项工作的最早参与者、坚定支持者和重要推动者，不仅以拥有15个GIAHS项目在数量上名列世界各国之首，而且因有效的组织管理、成功的保护实践、扎实的科学研究和良好的国际合作，成为该项目的主要引领者，获得了国际社会高度肯定与认可。

南南合作是FAO“粮食安全特别计划”的组成部分[2]，旨在通过由一些发展程度较高的发展中国家向发展程度较低的发展中国家提供技术援助，共同实施“粮食安全特别计划”，以提高这些国家的农业生产能力和粮食安全水平。中国是最早参与FAO南南合作的国家之一，2008年正式向FAO捐赠3 000万美元设立信托基金，重点支持南南合作项目；2014年又再次向FAO捐赠5 000万美元用于二期南南合作项目。2012年10月，中国农业部与FAO签署了关于加强合作的谅解备忘录，全球重要农业文化遗产被列为合作重点领域之一。2015年1月，中国农业部与FAO签署了《关于通过南南合作能力建设加强实施农业遗产项目的谅解备忘录》，决定利用中国—FAO南南合作信托基金200万美元设立南南合作GIAHS项目（以下简称GIAHS项目），支持农业遗产地开展能力建设、宣传推广和经验交流，以提高国际社会对农业遗产的了解和认识，推动更多的国家参与到农业遗产发掘、保护和利用工作。该项目已于2018年12月完成执行，在完善管理机制、扩大参与范围、加强秘书处能力、开展人员培训等方面取得了显著成效。

本文将在系统梳理GIAHS项目进展与经验的基础上，对存在的问题进行分析，并有针对性地提出下一步工作建议，为新一期项目设计提供参考。

一、项目成效与经验

（一）促进FAO GIAHS管理机制完善

在中国GIAHS项目支持下，FAO对农业遗产管理结构进行了改革，初步形成了由GIAHS秘书处（Secretariat）日常管理、科学顾问小组（SAG）技术支持、农业委员会（COAG）宏观决策的“三位一体”的管理架构。其中，SAG是于2016年2月成立，在中国政府的推荐下，中国科学院闵庆文研究员通过竞选成功当选为第一任SAG主席（2016—2017年）。2016年9月，FAO-COAG第25次会议审议通过了将GIAHS列入其会议议题，使之成为FAO战略目标（SO2）和区域倡议内容之一，得到了各国代表支持，为获得FAO常规预算支持打下了坚实的基础。

表1 GIAHS秘书处2015—2017年工作经费来源及比例

经费来源	2015年		2016年		2017年	
	金额 / 美元	占比 / %	金额 / 美元	占比 / %	金额 / 美元	占比 / %
常规预算	114 366	17.3	297 079	28.9	416 888	34.6
中国	371 756	56.1	675 228	65.6	588 909	48.8
日本	176 373	26.6	57 005	5.5	199 912	16.6
总计	662 495	100.0	1 029 312	100.0	1 205 709	100.0

此外，GIAHS项目为GIAHS秘书处提供了大部分的工作经费表1，通过项目的实施有效推动了GIAHS的规范化管理与知识平台建设，有助于早日实现GIAHS倡议的初始目标。主要体现在4个方面：一是提供人力支持，GIAHS项目先后聘用了中国农业农村部主管机构3名业务骨干在秘书处工作（每人半年至一年），同时还支持聘用了技术顾问，解决了秘书处人手不足的问题，保障了秘书处的正常运行；二是完善了工作网络，通过FAO区域和国家代表处强化了与各GIAHS所在国政府的联系，明确了FAO体系下GIAHS工作联系人和归口管理机构；三是制定了工作规范，在充分借鉴中国成功经验的基础上，秘书处和SAG完善了GIAHS标准和申报认定程序，设计了监测评估工作程序和指标体系，收集了各GIAHS保护和发展信息与成功经验；四是协助秘书处构建GIAHS知识分享平台，包括官方网页升级，汉语、法语、西班牙语等多语种各种宣传资料的制作等，促进了GIAHS信息在非洲、拉丁美洲等地区的辐射分享与广泛传播。

（二）促进经验交流，带动双边和多边国际主体广泛参与

2018年，FAO委托独立专家组对GIAHS项目进行了评估，评估报告认为其在“提升GIAHS全球影响力、贡献中国经验与智慧”等方面成效显著。在项目推动下，世界GIAHS总数由之前的31个增加到57个，覆盖了五大洲的21个国家。

第一，除FAO外的其他多边场合对该议题的关注明显提高。例如，GIAHS议题在2014年亚洲太平洋经济合作组织（APEC）农业部长会议期间被列入了《亚太经合组织粮食安全北京宣言》，同时也被列入了2016年20国集团《G20农业部长会议公报》[3]。

第二，从区域合作来看，利用GIAHS项目资金先后召开了拉丁美洲与加勒比区域研讨会、西非次区域研讨会、非洲研讨会、欧洲与中亚区域研讨会和绿洲系统GIAHS行动计划实施与监测研讨会，覆盖了近70多个国家，200余名政府官员和专家分享了农业文化遗产发掘与保护经验（表2），探讨了从国家及区域水平上开展农业文化遗产保护与管理工作的挑战与发展前景，有效拉动了GIAHS在全球的传播。

表2　GIAHS项目支持下的能力建设与伙伴关系发展活动

类型	名称	时间	地点	国家数量	人数
高级别培训班	第一期	2014年9月13～28日	北京、河北、浙江、江苏	12	23
	第二期	2015年9月5～20日	北京、宁夏、浙江	26	26
	第三期	2016年10月24日至11月4日	北京、贵州、江苏、山东	26	29
	第四期	2017年9月11～24日	北京、福建、广西、内蒙古	21	29
	第五期	2018年9月10～24日	浙江、福建	16	26
	第六期	2019年9月16～24日	浙江、福建、安徽	16	16
区域/次区域会议	拉丁美洲与加勒比区域研讨会	2016年4月22日	墨西哥	17	35
	西非次区域研讨会	2016年6月24日	摩洛哥	8	24
	非洲研讨会	2017年2月27日至3月3日	坦桑尼亚	15	29
	欧洲与中亚区域研讨会	2017年5月	意大利	29	104
专题研讨会	绿洲系统GIAHS行动计划实施与监测研讨会	2017年6月29～30日	意大利	7	17
国际论坛	第五届GIAHS国际论坛及授牌仪式	2018年4月19日	意大利	34	320

第三，FAO与中国通过举办培训班直接带动更多国家认识到GIAHS的重要性。截至2019年11月，中国农业农村部与FAO在中国连续举办了6期GIAHS高级别培训班（其中3期培训班资金来自GIAHS项目，另外3期资金来自中国—FAO南南合作能力建设项目），有来自73个国家的149名政府官员和专家参加了培训和交流。在该培训班的影响下，已有30多个没有GIAHS项目的国家向FAO GIAHS秘书处提出了申请或表达了申请意愿，其中，孟加拉国、埃及、意大利、西班牙、墨西哥、斯里兰卡、葡萄牙等国已成功申报，印度尼西亚、越南等国家均已提交了申报材料，马来西亚、蒙古国与哥斯达黎加等一些发展中国家的申报材料也在积极准备中（表3）。当前新申报GIAHS的国家中，90%都派员参加过在中国的培训，使我国举办的培训班成为GIAHS的国际摇篮，提升了GIAHS的全球影响力。此外，法国、瑞士等具有传统特色农业的欧洲国家以及巴西农牧业研究公司(EMBRAPA)、国际景观设计师联盟、意大利景观建筑协会、世界农村论坛等科研机构和非政府组织均积极与FAO GIAHS秘书处联系，希望将GIAHS的概念和保护理念推广到更大范围，提高GIAHS知名度，扩大中国经验在这些国家和区域的影响。

2018年4月，GIAHS项目支持FAO在罗马召开了第五届GIAHS国际论坛，为14个自2006年以来新认定的GIAHS系统举行授牌仪式，这14个系统分别为埃及锡瓦绿洲椰枣生产系统、日本大崎可持续稻作生产的传统水资源管理系统、日本西栗仓山地陡坡土地农作系统、日本静冈传统芥末栽培系统、墨西哥传统架田农作系统、葡萄牙巴罗索农林牧系统、韩国花开传统河东茶农业系统、西班牙阿尼亚纳海盐生产系统、西班牙拉阿哈基亚葡萄干生产系统、斯里兰卡干旱地区梯级池塘—村庄系统、甘肃迭部扎尕那农林牧复合系统、浙江湖州桑基鱼塘系统、山东夏津黄河故道古桑树群系统、中国南方山地稻作梯田系统，其中西班牙、韩国、墨西哥、斯里兰卡、意大利等国家的农业文化遗产申报启动、完善均与来中国参加GIAHS培训和系统学习相关知识与流程密切相关。以墨西哥的Chinampa系统为例，其主管部门曾分别于2015年和2017年派人参加在中国举办的GIAHS培训班。在GIAHS项目的支持下，2016年在墨西哥举办了拉丁美洲与加勒比区域研讨会，2016年9月来中国考察中国兴化垛田农业文化遗产，并开展“结对子”交流活动，2018年初，墨西哥驻中国大使馆到访中国农业部，就中国保护GIAHS的经验及双边今后合作进行了进一步交流。

表3　来中国参加GIAHS培训班的国家申报GIAHS情况

申报状态	国家名称	国家数量
已成功申报GIAHS	孟加拉国、埃及、斯里兰卡、墨西哥、西班牙、葡萄牙、意大利	7个
已提交GIAHS申报材料	印度尼西亚、泰国、越南、巴西、突尼斯	5个
正在准备申报材料	匈牙利、老挝、蒙古国、马来西亚、毛里塔尼亚、玻利维亚、厄瓜多尔、哥斯达黎加、哥伦比亚、苏里南、古巴、乍得、埃塞俄比亚、马达加斯加、圭亚那、土耳其、瑞士、阿曼、罗马尼亚	19个

（三）发挥中国在GIAHS领域的领军作用

农业文化遗产已经成为中国农业外交的靓丽名片。当前，中国拥有15项GIAHS，数量居世界之首，也是第一个发布国内农业文化遗产管理办法、第一个启动农业文化遗产监测评估工作的国家，在多个国际场合分享中国经验，获得广泛认同及FAO总干事的盛赞。目前各国都争相来中国学习GIAHS保护与管理的经验，对宣传中国农耕文明有重要作用。GIAHS项目也推广了中国在GIAHS领域的成功经验，帮助其他国家解决粮食安全及农业可持续发展问题。例如，中国的稻田养鱼技术及良好的操作实践，作为GIAHS适宜推广的技术，已经通过FAO有关部门和平台传播推广到有关发展中国家，提升了当地粮食安全保障水平和农业可持续发展能力。在FAO及其他国际机构的重要会议及场合，中国通过开展宣讲活动、展示特色产品等，宣传了中国GIAHS保护与发展经验，实现了有农业文化遗产的地方必有“中国声音”。

二、项目面临的挑战与存在的问题

在GIAHS项目的支持下，尽管FAO的GIAHS工作已经取得了显著成绩，但由于多种主观、客观原因，FAO在推动此项工作时，依然面临着以下挑战。

（1）机制尚存在完善空间，目标导向需更清晰。一是与世界遗产的管理机构相比，目前GIAHS的管理机制还不够健全，体现在没有形成较为固定的申报、评选和认定程序与时间；二是秘书处与SAG尚无规范化的工作规则，COAG通过建立农业遗产秘书处决议案的目标还没有实现。

（2）工作经费与人力资源较为缺乏。当前，GIAHS秘书处的部分工作人员工资（一名协调员和一名兼职行政秘书）已纳入FAO常规预算，但目前秘书处和SAG的各项工作与活动经费尚需多方筹措。当前主要经费来源是中国和日本两国捐赠的基金。随着新申报GIAHS项目数目的快速增加，此问题必将更加凸显。

（3）当前已认定的GIAHS类型与国家过于集中，代表性不足。虽然在FAO和中国、日本等有关国家的推动下，GIAHS的保护与发展正得到越来越多国家的关注和响应，世界范围的申报热情日渐高涨，但由于申报门槛的不断提高以及缺乏足够技术支撑等因素，目前已经认定的57个GIAHS项目仍主要集中在亚洲特别是东亚地区的少数国家。

三、项目的拓展与建议

为进一步推动国际社会对农业文化遗产的挖掘、保护和传承，巩固、强化中国农业文化遗产相关国际规则制定方面的主导权，在农业国际合作中分享“中国方案”、讲好“中国故事”，建议下一步中国在GIAHS方面的外交战略应遵循“以我为主，以成效为导向”的原则，具体体现在以下3个方面。

（一）继续强化我国在GIAHS领域的国际合作

一是全方位参与FAO GIAHS的相关活动，参与相关国际论坛、区域性研讨会以及专家会议，强化与科研机构的合作，在中国举办培训班等能力建设活动，利用南南合作平台广泛传播中国的农业发展理念与成功实践，展现中国负责任的大国形象。

二是多平台广泛推动“一带一路”沿线国家农业文化遗产合作。在与FAO开展

合作的基础上，也可以考虑与其他双边和多边国际主体的合作，如与联合国教育、科学及文化组织（UNESCO）的合作等。借助FAO平台，推动“一带一路”沿线国家农业文化遗产合作，打造“一带一路”农业文化遗产走廊，面向亚太、非洲和拉丁美洲地区派遣中国专家，为发展中国家开展农业文化遗产保护提供技术指导与支持。重点对“一带一路”沿线国家农业遗产的挖掘、申报、管理、宣传推广和动态保护提供技术支持，分享农业遗产在应对气候变化、促进农业可持续发展等方面的成功经验。

（二）加强科学研究，丰富遗产类型，总结优秀经验

目前农业遗产定义关注的是具有悠久历史的传统农业生产系统，其核心是环境友好型农业生产模式和可持续发展理念。因此，应开展对农业遗产内涵和外延的研究，适当增加乡村景观等方面的内容，提高农业遗产的包容性。与此同时，总结GIAHS资源丰富的国家开展遗产保护的成效，探索GIAHS对推动粮食安全、精准扶贫、生态农业、环境保护及可持续发展等方面的作用机制。

（三）加大政策资金支持力度

结合中国的优势和主张，在完善国内政策配套措施的基础上，进一步明确中国在全球和区域农业遗产项目的主张和要求，特别是结合“一带一路”的建设实施，探讨建立新的信托基金或单边信托基金用于支持由中国倡议主导的合作，通过微额种子资金支持，侧重支持“一带一路”国家的GIAHS申报工作，提高GIAHS的国家数量、国家代表性、区域分布平衡性。

参考文献

[1] 刘海涛，徐明．中日韩全球重要农业文化遗产管理体系比较及对中国的启示[J]．世界农业，2019(5)：73-79+90．

[2] 祝自冬，黎倩．中国参与农业多边南南合作进入新的发展阶段[J]世界农业，2014(12)：4-7．

[3] 农业农村部国际合作司．促进农耕文化交流互鉴——“南南合作”框架下中国对全球重要农业文化遗产保护的贡献[J]．中国投资，2018(17)：42-46．

第二部分
各地工作报告

2018年浙江青田稻鱼共生系统保护发展工作报告

浙江省青田县人民政府

青田稻鱼共生系统于2005年被FAO列为首批全球重要农业文化遗产保护试点，是中国第一个。2005年6月5日，时任浙江省委书记习近平曾作批示："关注此唯一入选世界农业遗产项目，勿使其失传。"

青田县地处浙江省东南部，瓯江中下游，总面积2 477平方千米，山多地少，素有“九山半水半分田”之称，青田是著名的石雕之乡、华侨之乡、名人之乡、田鱼之乡、杨梅之乡、油茶之乡。青田稻田养鱼有1 300多年历史。先民在种植水稻的同时利用田间空隙养殖田鱼，创造了稻鱼共生技术，培育了青田田鱼，并诞生了尝新饭、祭祖祭神、青田鱼灯等独具特色的稻鱼文化。

十多年来，青田县人民政府牢记习近平总书记的批示嘱托，在FAO、农业农村部、中国科学院等单位的支持和指导下，对稻鱼共生系统保护与发展高度重视，确立了“在发掘中保护、在利用中传承”的指导思想，建立政府主导、分级管理、多方参与的管理机制，有效地保护、传承了稻鱼共生系统这一传统生态农业模式，对稻鱼产业发展和农村生态环境保护、美丽乡村建设产生了积极的推动作用。青田稻鱼共生系统保护地，每年接待来自世界各地访客，已成为中国生态农业智慧、传统农耕文化以及农业文化遗产保护与管理的展示窗口，在国内外产生了良好的示范作用。

原FAO总干事格拉齐亚诺先生曾评价“青田稻鱼共生系统在不破坏环境的前提下合理整合利用资源，协同增效，树立了全球典范”。

现将2018年青田稻鱼共生系统保护发展工作报告如下：

一、稻鱼共生产业发展

2018年，全县稻鱼共生面积达到4.85万亩*，平均亩产值4 115元，总产值1.89亿元，比2017年面积增加0.25万亩，总产值增加1 040万元。稻鱼共生面积恢复性增长，稻鱼米品牌带动产值增加，促进了农民增收。

1.建示范，扩基地

2018年通过实施《稻鱼共生产业发展三年行动（2017—2019）》，示范推广“百斤鱼、千斤粮、万元钱”0.8万亩，“五统一”稻鱼米基地0.3万亩，带动全县稻鱼共生种养面积恢复性增长。积极组织稻鱼米品种筛选和参与各级好稻米评选。

2.强品牌，促营销

建立“生态+、品牌+、互联网+”机制，探索把农业文化遗产品牌价值转化为产业经济价值的有效路径，做好“一粒米、一条鱼、一座城”的“三个一”文章。

以青田县侨乡农业发展有限公司为龙头，专门负责营销推广青田稻鱼米品牌，对全县稻鱼共生产品进行统一经营管理。青田稻鱼米成为首届联合国世界地理信息大会指定用米，并在网红直播、盒马鲜生、城市路演等各条战线上齐头并进。加强青田田鱼种质资源保护及地理标志证明商标“青田田鱼”宣传，并通过申报青田成功获得“中国田鱼之乡”称号。

建设了浙西南首个农产品出口销售平台——青田侨乡农品城，并于2018年1月实现一期项目对外营业，将浙江乃至全国优质农产品销向世界。截至2018年底，农品城已开设海外专柜41家，主要分布在欧洲29个城市，2018年完成农产品出口超过1 000万美元，实现了农产品的“买全国、卖全球”。

3.争政策，助发展

2018年争取中央、省资金1 940万元，支持保护区稻鱼共生产业基础设施建设。如中央水稻提升项目、省稻鱼共生产业循环有机农业创新示范县试点项目、稻鱼共生特色园、生态补贴项目等资金。

---

* 亩为非法定计量单位，1亩≈666.67 m^2。——编者注

青田县专门出台政策对稻鱼米种植补助。在稻鱼产业发展计划区域，按照“五统一”标准连片种植稻鱼米30 ~ 500亩，每亩每年补助300 ~ 400元。

4. 融三产，促增收

依托“稻鱼共生”全球重要农业文化遗产品牌，在龙现村建设游客接待中心，提升田鱼广场布局，将稻鱼文化融入，让游客直观地了解稻鱼共生的特点，利用废旧小学教学楼打造稻鱼共生特色主题餐厅，满足游客的稻鱼宴的享受，改建特色精品民宿——半亩田，延伸稻鱼共生产业，促进集体农民增收。

二、稻鱼共生系统保护

（一）出台了《青田稻鱼共生系统保护发展规划（2016—2025）》

经过各方面专家编制、有关部门反复商讨、征求不同层面意见，青田县政府出台颁布了《青田稻鱼共生系统保护与发展规划（2016—2025）》并针对新规划制定了稻鱼共生产业发展三年行动并组织实施。

（二）建立农业文化遗产保护基金

每年安排农业文化遗产保护基金300万元。已经开展稻鱼共生系统生态补贴试点，对龙现村稻鱼共生和青田田鱼种质保护给予补贴。

1. 对重要保护区实施生态补贴

龙现村农户稻鱼共生模式生态补助标准500元/亩，抛荒多年的田落实稻鱼共生种养补助1 000元/亩。共计补助10.46万元。

2. 保护青田田鱼种质资源

建立多点多户保护机制，将全县7个乡镇22户列入青田田鱼原种资源保护，每户每年补助5 000元，保证种源纯正，保护青田田鱼种源多样性。

3. 保护“稻鱼米”种质资源

从国家种质资源库获取青田传统18个老品种进行恢复性试种，同时引进了“万年贡稻”“丛江香糯”等试种，以利保护水稻品种多样性。稻鱼共生水稻好品种筛选试验示范，推进稻鱼米生产。

（三）举办稻鱼共生文化展示活动

举行了稻鱼共生文化博物馆综合体奠基仪式。博物馆总体投资1 500万元，建成

后将转型升级为方山稻鱼共生博物园。

成功举办了青田县“稻鱼之恋”文化节。本节日是农业农村部批准为首届中国农民丰收节系列活动的其中之一。方山乡龙现村获评首届中国农民丰收节100个特色村庄之一，是浙江省5个入选村之一。

举行了青田首届农业嘉年华暨侨乡农品城开业仪式和农产品新春展销会暨欢乐过小年活动。

参与2018年11月23日至2019年3月16日在中国农业博物馆举办的中国重要农业文化遗产主题展。

（四）开展保护合作研究

建立农业文化院士专家工作站，包括1个工作站、2个研究基地；开展农业文化遗产保护、稻鱼共生生态、青田田鱼种质资源和良种选育3个方面研究。

与中国科学院地理与资源所合作，完成下一个十年保护与发展规划，出版农业文化遗产幼儿画册《小田鱼的好朋友》。

与浙江大学生命科学学院合作的稻鱼共生系统的构建与关键技术项目通过评估。项目组在稻鱼共生机理及其效应等方面的研究成果达到国际领先水平。所构建的稻鱼共生系统、集成的关键技术对于进一步发挥稻鱼共生系统的优势，推进稻鱼共生产业的可持续与绿色发展意义重大。

青田县政府与上海海洋大学建立战略合作协议，开展青田田鱼原种保护与良种选育合作。

（五）科技普及培训，传承教育

（1）制定了稻鱼共生地方标准。《山区稻鱼共生技术规程》成为稻鱼共生系统又一个地方标准，将为保护重要农业文化遗产，促进水稻稳产、田鱼增效和生态环境保护发挥更好作用。

（2）针对示范户和农民开展稻鱼共生技术和农业文化遗产知识普及培训。

（3）建立农耕文化宣传教育展示中心。在方山乡学校开展地方特色文化和稻鱼文化教育，建立农耕文化园，成立小华侨少儿鱼灯队，使小华侨了解家乡稻鱼共生系统、体验劳动、爱国爱家乡。同时为全青田县学校提供农耕文化教育平台。

（4）幼儿绘本《小田鱼的好朋友》通过县幼教中心发送给县城、方山等乡镇幼儿园，让小朋友认识农业文化遗产。

（六）开展稻鱼共生系统保护监测工作

布置青田稻鱼共生系统保护与发展监测工作，落实龙现村、后金村2个监测点，

浙江大学博士合作建立了一个监测平台，并在监测基础上完成2017年青田稻鱼共生系统数据上报网。

（七）参加GIAHS有关交流培训会议

派人员参加GIAHS和稻鱼共生交流培训会7场24人次。参加的交流培训会有：2018年1月14～16日在北京组织召开的全球重要农业文化遗产动态监测系统启用暨用户培训会、4月15日江东兴化举行的FAO-GIAHS项目专家终期评估座谈会、6月28日浙江海宁举办的稻田综合种养观摩培训会、7月18日蒙古阿鲁科尔沁旗召开的第五届农业文化遗产学术讨论会和GIAHS工作会议、9月10日举办的稻鱼共生系统构建和关键技术现场评估会、9月12日举办的第五期FAO-GIAHS能力建设培训班杭州交流会、12月4日召开的上海稻田养鱼社会效益国际促进研讨会。

（八）接待有关考察调研活动

接待江西、广西、辽宁、四川等考察交流调研活动10场95人次。

2018年3月30日江西省渔业局局长张金保、江西省水产技术推广站站长欧阳敏等，5月13日中国科学院地理科学与资源研究所焦博士调研稻鱼共生系统保护和利用，7月13日广西壮族自治区农业厅副厅长梁雄等，8月15日北京联合大学旅游学院王英等，4月10日辽宁省抚顺市侨联党组书记、主席康洁等，5月25日灵璧县人大常委会主任胡永军等，7月17日四川省广元市昭化区代表团，9月17日四川省巴中市平昌县委书记蒲开文等，11月14日四川省平昌县致富带头人培训班学员，12月7日稻田养鱼社会效益国际促进研讨会代表等考察青田稻鱼共生系统。

三、取得的成效和经验

1. 成效

青田稻鱼共生系统列为首批全球、中国重要农业文化遗产，青田田鱼获国家地理标志证明商标，青田田鱼、青田田鱼干、青田鱼灯获国家生态原产地保护产品。建成1个GIAHS稻鱼共生博物园、1个稻鱼共生主导产业示范园、3个稻鱼共生精品园。小舟山梯田创意特色农业强镇入选浙江省特色农业强镇创建对象名单。

出台了地方标准《山区稻鱼共生技术规程》，青田县稻鱼共作模式列入全国《发展稻田种养促进结构调整》典型，获全国稻田综合种养模式创新大赛特等奖。《一种适合于南方稻鱼共生系统的再生稻蓄育栽培方法》获国家发明专利。

青田县获“中国田鱼之乡”称号，青田田鱼作为山区稻田养鱼优良品种在贵州、

广西、云南、甘肃、福建等省推广。

青田稻鱼米获“丽水好稻米”十大金奖4个、“2018浙江好稻米”十大金奖1个、浙江省农博会优质产品金奖、第二届全国稻鱼综合种养产业发展论坛优质鱼米评比银奖。

2. 经验

建立了县级农业文化遗产保护基金，每年300万元。

推动属地学校——方山乡学校参与农业文化遗产知识教育和传承。

开展多方院地合作研究：已与中国科学院地理科学与资源研究所、浙江大学生命科学学院、上海海洋大学水产与生命学院开展农业文化遗产、稻鱼共生生态、青田田鱼等方面合作研究。

2018年浙江绍兴会稽山古香榧群系统保护发展工作报告

绍兴市会稽山古香榧群保护管理局

2018年，绍兴市会稽山古香榧群保护管理局（以下简称“管理局”）按照农业农村部（原农业部）有关重要农业文化遗产的工作部署与绍兴市林业局的工作安排，认真抓落实，特别是对重点工作与创新工作，逐项制订工作方案，定人员，定进度、定目标。在全体人员的努力下，克服了人员少、时间紧、任务艰巨、工作经验欠缺等困难，到2018年年底，按照上级对时间节点的要求，有的工作任务已经完成，有的正在抓紧开展或筹备之中。

（一）认真做好古香榧群动态保护与监测工作

2018年初，农业部对全球重要农业文化遗产动态监测工作进行了更新升级，柯桥区、诸暨市、嵊州市三地（以下简称“三地”）的监测及填报范围从原来的一个监测点扩大到遗产地全部区域，填报方式由原来的文本填报改为线上填报，并要求补填2016年的数据。因此，工作量增加，难度加大，管理局及时要求“三地”调整工作班子，构建监测工作网络。同时，与“三地”积极开展工作交流，加强业务指导。需要填报的数据中，涵盖了多个部门、单位开展的与香榧相关联的工作情况；我们专门抽出时间，运用多种途径收集相关数据，在与香榧业务相关的网站、本地重点

新闻媒体网站上进行大量的搜索工作，同时还向一些从事与香榧相关工作的人员咨询，了解工作情况，并将掌握的数据填写上报；保证了数据的全面完整。经过几个月的努力，2016年和2017年的数据填报工作均已完成。

（二）开展诸暨市古香榧群保护管理信息化可追溯工作试点

为进一步加强绍兴会稽山古香榧群保护管理和香榧产业传承发展工作，决定在诸暨市开展古香榧群保护管理信息化可追溯工作试点。期间，管理局多次与诸暨市农林局商议试点工作的具体事项。2018年3月份，诸暨市农林局确定由杭州感知科技有限公司实施此工程项目。工程通过实地调查、逐株检尺的方法进行调查并建档，在建档的基础上，建立古香榧保护区域的地理信息系统、古香榧群可追溯系统、实时监控系统、百科档案系统和农户管理系统，最终建立一个古香榧群信息化可追溯管理系统平台。保护管理部门可依托这一平台对古香榧树的生长环境、生长情况、保护现状等进行动态监测和跟踪管理、定期报告，能更好地为古香榧群的保护、开发和利用提供服务；香榧企业和农户通过位置查询周边古树，既可获得整个古香榧树的档案信息，在线向香榧专家进行咨询，还可进一步面向社会公众提供香榧质量安全信息，以及为大众提供一个学习资料和交流的平台。9月份，试点项目顺利通过了验收。

（三）参与《绍兴会稽山古香榧群保护管理规定》立法工作

根据《绍兴市人大常委会2018年立法计划》，2018年把《绍兴会稽山古香榧群保护管理规定》列为绍兴市人大常委会地方立法初次审议项目。这是绍兴市会稽山古香榧群保护工作中一件具有历史意义的大事，也是绍兴市林业法制建设中一件具

有里程碑意义的好事。管理局是绍兴会稽山古香榧群保护管理的职能单位，全员参加，全程参与。一是系统收集和分析《中华人民共和国森林法》《中华人民共和国文物保护法》《中华人民共和国野生植物保护条例》等上位法和福州市、普洱市、红河州等地已制定的农业文化遗产保护法规与贵州省、临沧市等地已制定的古树名木保护法规，为立法工作提供参考。二是在《中国绿色时报》上以局领导名义刊登绍兴市会稽山古香榧群保护管理和立法工作宣传文章，在《绍兴日报》《绍兴晚报》专版宣传会稽山古香榧群保护管理立法工作。三是参加立法调研。随同绍兴市人大常委会、绍兴市政府法制处、绍兴市林业局领导到红河哈尼族彝族自治州（简称红河州）、福州市考察学习；还拟定调研提纲，向本局相关处（室）、直属单位，省、市香榧协会充分征求意见建议，并在绍兴市政府与本局网站上面向广大公众征集意见；深入有关区、县（市），参与实地调研，同与古香榧群保护管理密切相关的林业等10多个部门、所涉乡镇政府、行政村座谈，听取意见建议，通过参加一系列的调研活动，学到了经验，获得了有价值的意见建议。四是参与立法起草工作。起草过程中，认真把握与上位法的关系，吸收外地的立法成果，以及根据调研征集到的意见建议，对立法框架、条文都反复斟酌，力求高质量。几易其稿才形成法规初稿，之后又根据绍兴市法制办、绍兴市人大法工委和农经工委在座谈会上的意见，进行了修改完善，上报绍兴市法制办。绍兴市人民代表大会一审后，提出了修改要求，管理局又全程参与了修改工作。

（四）制订《绍兴会稽山古香榧群保护和香榧产业发展规划（2018—2025）》

绍兴会稽山古香榧群是中国重要农业文化遗产和全球重要农业文化遗产。为贯彻落实绍兴市政府办《关于推进香榧产业传承发展的意见》（绍政办发〔2016〕71号）和绍兴市委吴晓东副书记在绍兴市汤浦水库水资源保护领导小组办公室《汤浦水库水源保护区香榧种植和民宿经济综合调查报告》上的批示精神，绍兴市林业局决定开展《绍兴会稽山古香榧群保护和香榧产业发展规划（2018—2025）》编制工作，推进绍兴会稽山古香榧群区域实行最严格生态环境保护制度，进一步规范重要农业文化遗产的保护利用和传承工作，促进全市香榧产业科学有序发展。为落实决定，管理局委托中介组织，一同制作了标书，并在浙江政府采购网上发布。通过公开招标的方式，遴选专业团队进行编制。9月份，确定了规划编制单位，目前编制工作正在有序的开展之中。

（五）开展多方面科技工作

一是开展绍兴市科技局下达的2018年白蚁防治课题，完成1 000个监测装置的埋设工作，2018年6月份抽取300个样品的取样调查，7月份抽样调查146个样品，8月份抽样调查223个样品，发现白蚁的概率在6%左右。二是深入开展科技指导。2018年1月24 ~ 25日，绍兴市出现低温雨雪天气，给林区造成不同程度的不利影响。根据绍兴市林业局《关于切实做好应对雨雪冰冻天气工作的紧急通知》精神，管理局派出林技专家，会同柯桥区农林局相关林业专家，到柯桥区平水镇同康竹笋专业合作社、稽东镇陈村古香榧林等生产基地，实地调查竹笋、香榧等产业的受影响情况，指导并提出了相应的应对措施。同时，通过绍兴电视台做了报道，以指导全市开展持续低温雨雪天气应对工作。为落实绍兴市林业局关于印

发《绍兴市深化“亩山万元”兴林富民五年行动计划（2018—2022年）》的通知精神，管理局林技人员到浙江豪神香榧有限公司等基地指导。三是参与送技术下乡活动。2018年4月25日，到嵊州贵门乡雅安村开展香榧、茶叶等经济林栽培技术现场指导，为村民们送去《香榧标准化生产模式图》《介绍两种茶园害虫绿色防控新技术》《茶园铺草益处多》等多种技术资料，这些是当前绍兴市大力推广的生产技术。9月19日，管理局参加了由绍兴市科学技术协会、九三学社绍兴市委会、绍兴市科技局和诸暨市有关单位在诸暨市店口镇举办的全国科普日“送科技医疗服务下乡”活动。一边为林农咨询宣传，一边分发资料，共发放《中国香榧》《铁皮

石斛优质高效栽培技术》《兴林富民实用技术丛书》《林业适用技术》《家庭养花指南》《香榧盆栽养护》等资料300多份，宣传了林业科普知识，助推了国土绿化行动和“亩山万元”兴林富民行动。四是参与制订汤浦水库保护区的香榧产地环境保护专项行动问题整改工作措施。五是在2018年10月9日举办全绍兴市香榧生产技术培训班。各区、县（市）林业主管部门负责香榧生产技术推广的职能科室负责人和业务骨干、香榧重点生产乡镇业务技术人员、香榧生产经营大户、香榧产业协会的相关人员等60余人参加了培训。多位参加培训的人员表示，接受此次培训收获很大。

（六）切实加强林产品质量安全

2018年，绍兴市进一步强化食用林产品质量监督检查。通过公开招标方式确定专业机构对绍兴市林产品进行质量检测。截止到2018年9月底，已经抽检春笋55批次，鞭笋56批次，板栗40批次，银杏6批次，香榧籽20批次，柿子14批次，木本药材7批次，土壤14批次，总计抽检212批次，春笋和鞭笋合格率100%。9月份抽样的各个批次还在分析化验。7月24日上午，管理局参加了绍兴市食品安全委员会办公室主办的食品安全宣传周启动仪式。在活动现场设立了咨询台，向绍兴市民发放《浙江森林食品》宣传册，普及森林食品质量安全知识。

（七）参与会稽山国家森林公园创建工作

创建会稽山国家森林公园是绍兴市政府确定的2018年重点工作。按照绍兴市林业局的工作安排，管理局全体人员都参加了这项工作。会同越城区、柯桥区的创建工作成员，开展了资料收集、签订建设协议等工作。

（八）编写《绍兴年鉴——林业》

2018年上半年，管理局承担了2018年《绍兴年鉴——林业》的撰稿任务。在编写过程中，认真学习了绍兴市林业局2017年度绍兴市森林浙江建设工作任务书完成情况自查报告，详细查阅了绍兴市

林业局网站发布的2017年绍兴市林业资料、浙江省林业厅网站上发布的绍兴市林业资料，完成初稿后，经管理局领导审核、局属各单位修改，完成了稿件的编撰任务，并上报绍兴市年鉴编辑部。

（九）答复绍兴市政协委员的提案

2018年，管理局办理绍兴市政协八届二次会议的委员提案两件，主办与会办各一件，主办件为绍兴市政协委员嵊州市联络组提出的《关于加大对会稽山古香榧树群的保护开发力度的几点建议》，会办件为周建委员提出的《关于加强食品安全治理，切实保障人民群众“舌尖上安全”的建议》，管理按照绍兴市政府办的相关文件要求，及时与委员沟通，认真答复所提意见建议。两件提案已办理完成，嵊州市联络组表示满意，会办意见已经按时发送给主办单位。

（十）加强宣传，提高绍兴会稽山古香榧群的知名度

2018年1月份起，绍兴市在中央电视台军事·农业频道《农业气象》栏目中全年播出“绍兴会稽山香榧”宣传广告，宣传主题为“巍巍会稽山，千年香榧林；三代同生果，养生理想地”，播出时间为每天6:00、15:13和21:12。在中国科学院地理科学与资源研究所主管的《农业文化遗产简报》、微信公众号《绍兴香榧》上发布绍兴会稽山古香榧群信息多篇。

（十一）接待外宾来访，开展国际交流，推动绍兴会稽山古香榧群扩大国际影响

2018年6月13日上午，泰国农业与合作社部常务秘书杜娟·萨莎纳温女士（副部级）一行10人到绍兴市考察重要农业文化遗产。代表团一行实地考察了绍兴会稽山古香榧群核心区之一的诸暨市赵家镇榧王村古香榧群，并现场参观了中国香榧博物馆。考察结束后，杜娟·萨莎纳温女士对绍兴市重要农业文化遗产保护和传承利用工作给予高度赞赏。9月15日，由农业农村部与FAO举办的第五届“南南合作”框架下全球重要农业文化遗产高级别培训班学员到绍兴市开展实地调研。学员包括来自18个国家的22名外宾人员与国内5个全球重要农业文化遗产地的代表。

此外，管理局还进行了为纪念市树命名四周年而举办的香榧盆景展等活动，组织开展了2018年11月初在义乌举行的中国森博会参展工作、11月中旬在北京全国农业展览馆举行的重要农业文化遗产展示活动。

2018年浙江湖州桑基鱼塘系统保护发展工作报告

湖州市农业农村局

一、基本情况

浙江湖州桑基鱼塘系统位于湖州市东部平原，至今已有2 500多年历史，目前主要保存于南浔区西部区域，有桑地6万亩、鱼塘15万亩，是中国传统桑基鱼塘集中度最高、面积最大、保留最完整且仍在发挥作用的活态农业文化遗产。

2013年，湖州市政府出台《湖州市桑基鱼塘保护区管理办法》，编制了《浙江湖州桑基鱼塘系统保护与发展规划》。2014年，浙江湖州桑基鱼塘系统入选中国重要农业文化遗产。2017年11月，通过FAO专家评审，成功入选全球重要农业文化遗产。2018年4月，正式被FAO授予全球重要农业文化遗产证书。

成功申报全球重要农业文化遗产，不仅是对湖州优秀农耕文化遗产保护与利用工作的积极肯定，也为开展实施乡村振兴战略的行动提供重要品牌和关键抓手。通过多年努力，桑基鱼塘系统核心保护区和孚镇荻港村1 007亩、菱湖镇射中村369亩区域，历史原貌基本得以保存。目前，在保护地内从事养蚕的农户有8 872户，养鱼的农户有5 247户，为桑基鱼塘保护利用工作营造了良好的社会环境和舆论氛围。据统计，2018年桑基鱼塘保护区接待游客120余万人次，实现生态休闲观光旅游创收约5 000余万元。

二、主要工作

（一）加强顶层设计，建立长效保护机制

1. 领导重视，机构健全

湖州市、区政府建立湖州桑基鱼塘系统保护与发展领导小组，湖州市主要领导多次到桑基鱼塘实地调研，做到分管领导亲自抓、农业部门具体抓、各级部门配合

抓的工作格局；南浔区编办已批复在农林局设立桑基鱼塘农业文化管理站（所）；在桑基鱼塘核心保护区和孚镇建立桑基鱼塘建设管理工作办公室，承担桑基鱼塘基地建设和管理工作；成立桑基鱼塘产业协会，统筹系统内蚕、桑、丝、渔产业的发展。

2. 政策落实，资金到位

除政府每年配套相关专项资金200余万元，主要用于桑基鱼塘系统核心保护区的修复工作，对桑地和鱼塘实行年作年修外，在申遗成功后，湖州市区财政又安排专项资金300万元，用于核心保护区生态沟渠、文化长廊、生态桑园等建设。为保障桑基鱼塘核心基地建设、维护等工作的持续、正常开展，系统保护日常经费由80万元追加至100万元。截至2018年年底，市、区两级财政已落实专项资金近1 500万元。2019年，浙江省农业农村厅以项目形式一次性拨付300万元，用于基地保护管理。

3. 规划引领，谋定而动

聘请专业团队对核心基地的村容村貌改造以及科普教育等方面制订具体实施建设方案，遵照遗产重在保护的理念，做到“一次规划、分步实施”。目前第一期建设，包括道路交通、农业文化长廊、生态美丽河道、生态桑园、养蚕养鱼人家村容改造等，已于2018年年底完成。二期建设规划正在进行中。

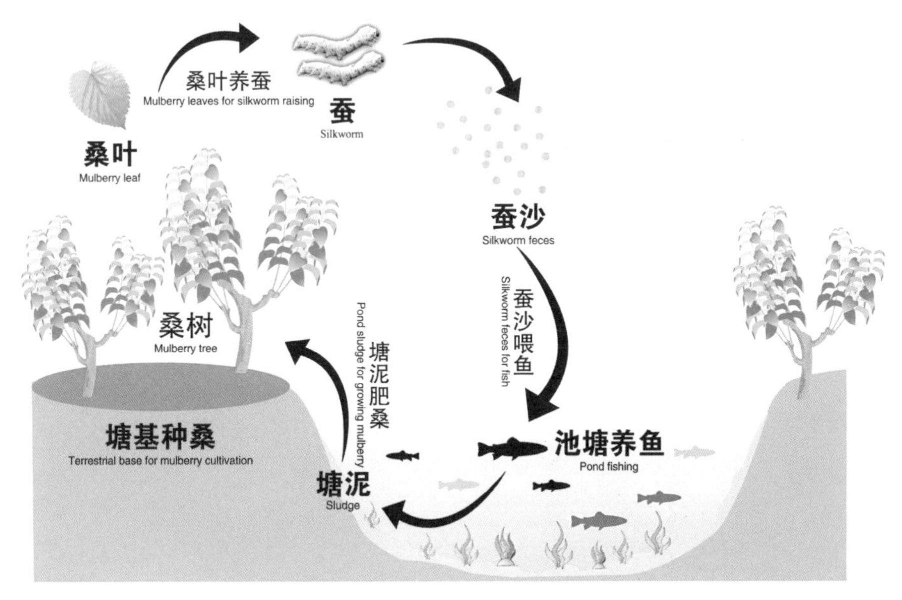

（二）推进产业提升，激发系统发展动力

1. 加大新型经营主体培育力度

积极推行桑地和鱼塘经营权流转，引导规模大户设立家庭农场、组建农民专业合作社，建立“企业+合作社+农户”的利益联结机制，提高经营主体规模化和组织化程度。桑基鱼塘系统区域已有蚕桑、水产相关的市级农业龙头企业2家、农民专业合作社53家、家庭农场16家，在这些主体的带动下，逐步形成桑基鱼塘产业。

2. 加大桑鱼产业培育力度

引进湖州宝宝蚕业有限公司等企业入驻核心保护区，辐射带动系统内蚕农开展家蚕良种繁育、小蚕共育、彩色蚕茧生产、果桑加工等，扩大系统生产功能，提升传统产业档次；系统内菱湖镇射中村云豪家庭农场，开展“跑道式”生态循环养鱼模式、机械化养蚕模式，为渔业、蚕桑产业转型升级提供强大动力。

3. 加大桑鱼产品研发力度

以湖州获港徐缘生态旅游开发有限公司为龙头，成立湖州市桑基鱼塘产业协会，与系统内的生产主体组建产业协会，订单式开发桑、蚕、茧、鱼等优质初级农产品，并建立食品加工厂，采用中央厨房模式，生产桑、鱼精深加工产品；开发桑、蚕、茧、鱼系列文化创意产品，包括“桑陌清鲜”系列美食、生态鱼系列产品、彩色蚕茧系列手工饰品，延长产业链，提升价值链，完善利益链，促进一二三产业融合发展。

（三）完善科技支撑，提高系统文化内涵

1. 成立院士工作站

在桑基鱼塘系统保护区，与李文华院士团队签约建立全国首个农业文化保护与发展院士专家工作站。2018年，该工作站成功入选省级院士专家工作站。浙江省农

业农村厅、浙江省科协通过项目资金支持院士工作站工作，共下拨资金100万元。探索“站站合作”新模式，加快科技成果转化，提升产业层次。

2. 开展多方合作

在院士专家团队闵庆文研究员等的指导下，与中国科学院地理科学与资源研究所、浙江大学签约成立农业文化遗产研究中心，开展湖州农业文化遗产的挖掘与保护；与浙江省农业科学院签约建立桑基鱼塘科研创新中心，开展桑基鱼塘新生态鱼养殖模式研发；成立桑基鱼塘产业协会，助力农业文化遗产保护、传承和发展，促进农业增效、农民增收。

3. 参加学术交流

积极参加、承办各类农业文化遗产领域的学术交流活动，2017年7月承办第四届东亚地区农业文化遗产研讨会，2018年8月组团参加第五届东亚地区农业文化遗产研讨会，2019年5月组团参加第六届东亚地区农业文化遗产研讨会，做到宣传与学习共进步。

（四）强化宣传推广，提升系统保护意识

1. 建立文化展馆

投资280余万元在和孚镇荻港村桑基鱼塘系统保护区建立了桑基鱼塘系统历史文化馆，作为桑基鱼塘系统文化传播的重要平台，展示桑基鱼塘的形成与发展历史、蚕桑文化、科技成就等内容。在湖州生态文明展示馆、湖州档案馆设立桑基鱼塘农业文化遗产展示区。

2. 开展教育培训

成立了湖州鱼桑文化研学院，将桑基鱼塘文化传承纳入湖州市中小学特色教育课程计划，每年举办全市中小学桑基鱼塘系统文化艺术大赛，开展农业文化遗产保护与传承培训，运用各种形式促进传统农耕文化在老、中、青等各代湖州人中传承与保护。

3. 参加展示展销

以桑基鱼塘农耕文化为主题，参加北京农展会、省农博会等各类展示展销活动；参加2018年11月23日至2019年2月28日农业农村部举办的中国重要农业文化遗产主题展活动；接待国内外宾客参观考察，增强桑基鱼塘对外知名度。

4. 举办农事节庆

举办鱼文化节、蚕花节等节庆活动，将桑基鱼塘文化教育融入农事节庆，营造传承发展氛围，增强遗产地农民的认知度。2018年8月，遗产地渔家乐表演走进了央视演播厅；2018年9月，成功举办了首届农民丰收节庆祝活动；2019年1月6日举办的第十届鱼文化节，暨全球重要农业文化遗产湖州桑基鱼塘系统揭牌仪式，是历史上规模最大、活动内容最丰富的鱼文化节。

2018年云南普洱古茶园与茶文化系统保护发展工作报告

云南省普洱市人民政府

云南省普洱市的云南普洱古茶园与茶文化系统已被联合国粮农组织和农业农村部列为全球重要农业文化遗产和中国重要农业文化遗产双遗产。以建设国家绿色经济试验示范区为抓手，以绿色发展为导向、提质增效转方式为发展方向，坚持生态立市、绿色发展，打造“天赐普洱·世界茶源”城市品牌。依托普洱得天独厚的农业自然资源禀赋和古茶园农业产业优势，加强对重要农业文化遗产保护和开发利用，按照“以旅助农、以旅促农、以旅富农”的发展思路，促进重要农业文化遗产与一二三产业融合发展，推动普洱市休闲农业快速发展。

一、基本情况

普洱休闲农业以建设旅游强县、旅游小镇和旅游特色村为措施，完善公共服务体系建设，加大扶持，引导鼓励发展休闲农业与乡村旅游，加速提升休闲农业与乡村旅游的规模和层次，在全市形成市、县、乡（镇）多层次推动休闲农业和乡村旅游发展的良好局面，促进农村经济发展和农民增收，满足城乡居民农业休闲的需求。2018年普洱市休闲农业经营主体1 759个，从业人员7 679人，带动农户9 963户，接待人次493.39万人（次），营业收入7.15亿元，同比增幅分别为21%、16.1%、31%、37%。宁洱哈尼族彝族自治县磨黑古镇被评定为云南省休闲农业与乡村旅游示范点，云南柏联普洱茶庄园有限公司、云南龙生茶业股份有限公司等11家企业被评定为云南省休闲农业与乡村旅游示范企业，澜沧县景迈芒景村被农业农村部授予全国最有魅力休闲乡村荣誉称号，上报认定芒景村、那柯里村、景吭村、上允角村等12个云南省特色旅游村，认定民俗村403个，普洱“绿三角”旅游核心景区景迈、芒景景区被列为中国民间文化遗产旅游示范区，拉祜族创世史诗《牡帕密帕》、拉祜族《芦笙舞》两个项目被列入国家级非物质文化遗产保护名录。

二、主要工作

1. 加强保护古茶树资源，推动可持续发展

制定出台《普洱市古茶树资源保护条例》《普洱市古茶树资源保护条例实施办法》，规范古茶树资源科学保护及开发利用，促进可持续发展，对全市区域内26座古茶山约136万亩古茶树资源实施立法保护，建立古茶树资源档案库、数据库。各县（区）人民政府制定专门的保护办法，对古茶树集中分布的古茶园建立保护区。将重要农业文化遗产核心区澜沧景迈、芒景，宁洱困鹿山，镇沅千家寨划定为古茶园保护范围，并设立保护标志。成立澜沧景迈古茶战略诚信联盟，制定古茶加工技术规范和古茶产品标准，提高古茶产品质量。将核心区澜沧景迈、芒景、翁基列入全国第一批传统村落，对古村落民居进行规划维修整治、环境整治和消防设施建设；对宁洱困鹿山古茶园村寨进行搬迁，推动古茶树资源可持续利用。

2. 以重要农业文化遗产核心区良好的生态和古茶园古茶资源积极发展休闲农业与乡村旅游

利用农业文化遗产核心区良好的生态和古茶园古茶资源大力开发休闲农业与乡

村旅游，并将普洱古茶园纳入休闲农业与乡村旅游规划。走“绿色生态”发展之路，打造“天赐普洱·世界茶源”城市品牌，开发利用与资源保护和生态建设相结合，在旅游资源开发中以保护第一、开发第二为原则，打造出了重要农业文化遗产核心区的澜沧—孟连—西盟“普洱绿三角”、镇沅哀牢山野生“茶树王”、那柯里茶马驿站、宁洱困鹿山古茶园等精品乡村旅游线路。

3. 着力打造普洱绿色食品品牌

借鉴古茶园生物多样性大力发展生态茶园，以普洱被确定为“国家农产品（茶叶）加工示范基地”为契机，不断提升茶叶加工水平，打造普洱绿色食品品牌。通过茶树放养、种植美化、绿化、覆荫树种，增添茶园美感，丰富茶园景色，实现现代茶园改造成生物多样性立体生态茶园，形成古代茶园和现代生态茶园共同构成壮观的传统农业景观，形成符合当地自然、环境特征的传统民居和乡土建筑，具极高的景观文化价值，对区域生物多样性的维护起着重要的作用，提高茶叶的品质和价值。

4. 打造普洱茶金字招牌

（1）在云南省率先发起了茶企业诚信联盟，探索具有普洱特色的五个特定（特定的企业、特定的产区、特定的原料、特定的工艺、特定的标志）品牌打造之路，推动普洱景迈山、普洱山、凤凰山古茶林普洱茶品牌，让景迈山、普洱山、凤凰山古茶树等普洱茶具有了身份证。

（2）以云南省普洱茶博览会、中国普洱茶节、中国茶叶博览会等大型专业展会全力推荐普洱茶。

5. 引导和推动一二三产业融合发展，实现产业脱贫

以打造龙头企业和发展庄园经济为抓手，促进产业融合，助力脱贫攻坚。

(1) 充分发挥龙头企业示范引领作用，建立“龙头企业+合作社+基地(初制所)+农户+互联网”的利益共享机制，形成市场牵龙头、龙头联基地、基地带建档立卡户的紧密型产业链，与茶农建立合作双赢的利益联结机制。统一生产标准，提高茶叶生产、加工、销售的组织化程度，助推建档立卡贫困户抱团脱贫。

(2) 建成了中国第一家茶庄园“柏联普洱茶庄园”，以“公司+专业合作社+农户”的形式与边疆民族建立深度合作关系，组建了茶农合作社、旅游合作社与柏联普洱茶庄园合作，一起整体打造景迈山的茶产业与旅游业，由落后的生产经营方式转向与代表先进生产力的庄园经济深度接轨，整体改变了景迈山落后的面貌，成为边疆民族地区与现代社会接轨的一个典范。当地居民收入多样化，除以普洱茶种植、生产为主要的经济来源外，经营餐饮和客栈、参与文化演出等都有不菲的收入。柏联庄园茶农人均收入在1万元以上，户均收入3.5万~4万元，实现了脱贫致富。加强重要农业文化遗产管理，推动一二三产融合发展。

6. 依托重要农业文化遗产资源丰富休闲农业内涵

借助云南普洱古茶园与茶文化系统申报成为全球（全国）重要农业文化遗产的有利时机，深入挖掘普洱茶文化，开发普洱茶文化、茶马古道文化旅游产品，依托农业文化遗产优势资源，通过科学整合资源，整合资金，重点投入，打造推出以普洱茶文化为主题的重要农业文化遗产核心区——澜沧惠民景迈芒景旅游区、中华普洱茶博览苑、茶马古道遗址公园、那柯里茶马驿站、千家寨旅游区等，将普洱打造成世界茶文化旅游休闲度假养生圣地。仅澜沧县遗产核心区景迈古茶园景区发展第三产业、休闲农业2018年接待游客43万人次，当地群众发展酒店、农家旅店、客栈63户，农家饭店76户，发展古茶采摘、制作体验、品鉴的企业（专业合作社户、种植大户）40余户，年销售古茶系列产品及当地土特产等从业农民平均年收入达2.2万元，实现农村经济发展和农民增收致富新增长点。

三、主要经验

1. 领导重视、机构健全是前提

普洱市委、市政府高度重视全球重要农业文化遗产的申报、管理工作，成立了以市长为组长，分管副市长为副组长，相关部门为成员的申遗领导小组，领导小组下设办公室，办公室设在业务主管部门，并将工作经费纳入市级财政预算。

2. 加大宣传推介是关键

通过各种民族节活动、展览展示推介、教育培训、大众传媒和拍摄纪录片等手段进行广泛的宣传、推介，宣传、普及全球重要农业文化遗产知识，提高广大人民群众的认知度和自豪感，有利于普洱古茶园与茶文化系统的保护和利用。

3. 完善法律法规规范管理是保障

坚持依法行政，采取动态保护、适应性管理与可持续利用途径，保护此项农业文化遗产。

4. 保护前提下开发利用

普洱市人民政府以云南普洱古茶园与茶文化系统申报全球重要农业文化遗产保护试点为契机，加大宣传、推介，提高了当地居民和社会公众对保护云南普洱古茶园与茶文化系统重要性的认知度、支持度，从而加强古茶园的保护，使当地居民不再滥伐古茶树、破坏古茶园，利用古茶园资源采取可持续的方式进行经营活动，同时使当地居民增强遗产保护意识和文化自豪感。

四、存在的问题和困难

GIAHS保护和管理是项长期的系统工作，在实际工作中存在以下困难：一是工作机构不稳固，二是缺乏专业人才，三是古茶市场价格提高对古茶树保护的影响，四是对GIAHS工作的认识和研究还需进一步深入。

2018年云南红河哈尼稻作梯田系统保护发展工作报告

红河哈尼梯田世界文化遗产管理局

2018年，红河哈尼稻作梯田系统保护与发展工作以习近平新时代中国特色社会主义思想和党的十九大精神为指导，牢固树立“共抓大保护、不搞大开发”的重要战略思想，始终遵循“在传承中发展，在保护中利用”的工作方针，不断完善保护措施，构建行之有效的保护管理工作机制，着力维护好红河哈尼梯田森林、村寨、梯田、水系四素同构的农业生态系统，推动农耕文化遗产合理适度利用，让文化遗产保护成果更多惠及人民群众，切实推进哈尼梯田保护传承和发展工作的深入开展。

一、主要工作

（一）完善管理措施，依法加强保护

（1）持续完善四域十大片区保护管理规划。完成《红河哈尼梯田保护与发展总体规划（2018—2030）》，元阳县、红河县、绿春县和金平苗族瑶族傣族自治县（以下简称“四县”）哈尼梯田保护管理规划（2018—2030）及《红河哈尼梯田产业发展研究》编制工作。

（2）编制了《红河哈尼梯田遗产区82个村庄规划》《元阳生态县建设规划》《红

河哈尼梯田世界遗产地生态旅游发展规划》等规划，结合规划制定了《红河哈尼梯田文化遗产区村庄民居保护管理办法》《元阳哈尼梯田的传统民居保护管理手册》《红河哈尼梯田遗产区传统民居C、D级危房修缮管理导则》《元阳县哈尼梯田核心区综合整治工作方案》《遗产区村庄民居环境卫生管理方案》等一系列办法措施，实现源头上管控。

（3）推进哈尼梯田监测管理体系建立，完成了监测管理程序设计、3个监测管理站建设，启动了5个监测管理站项目，按要求完成了全球重要农业文化遗产动态监测报告收集填报工作。

（二）建设美丽乡村，改善人居环境

（1）全力推进人居环境建设。元阳县在遗产区投入200万元，购买垃圾运输车辆4辆、垃圾箱100只、执法车辆1辆、手推车60辆、垃圾篓150个，为提升哈尼梯田遗产区人居环境提供了设备保障。

（2）在哈尼梯田景区建成旱改水公厕20座，正在实施11座。并对各户柴草乱放、沙石乱堆、垃圾乱扔、残垣断壁的现象进行集中整治，做到柴草堆放整齐、村道干净整洁、禽畜圈养，对村道两侧、河沟、垃圾点进行集中清理，进一步改善村寨的环境卫生面貌。

（3）采取“试点先行、示范引领、整体推进、全面治理”的方式，强制拆除遗产区“两违建筑”及附属设施，第一批拆除违章建筑144户，面积17 586.88平方米。对已拆除部分进行风貌提升改造，在普高老寨、全福庄、大鱼塘和旅游环线沿路实施样板示范点，共完成133幢，18 400平方米（不含一镇五村）民居风貌改造，

投入改造经费1 020万元，示范带动效应明显。

（三）抓好宣传教育，扩大社会影响

（1）做好《红河哈尼梯田》（六集纪录片）、《红河哈尼梯田农耕技术》、《红河哈尼梯田保护管理工作交流汇报片》等专题片拍摄工作。

（2）完成了《手绘哈尼梯田》儿童绘本的出版和《红河哈尼梯田志》的编撰校稿工作。

（3）制作《红河哈尼梯田》宣传折页、《世界遗产——红河哈尼梯田》多功能笔记本、《哈尼梯田保护管理法律法规汇编》等宣传材料，制作宣传展架80块。

（4）利用中国文化和自然遗产日、申遗成功纪念日、世居民族传统节日等重要时间节点，开展哈尼梯田文化宣传、展示、交流活动。

（5）拓宽宣传渠道，走进红河人民广播电台直播间，在“红河热线”栏目里与广大听众分享哈尼梯田世界文化遗产价值，共同探讨哈尼梯田保护管理方面的问题。

（6）州、县、乡组织联动，采取宣讲培训、赠送书籍、走访座谈等方式，在遗产区3个县7乡14所中小学开展世界遗产——红河哈尼梯田进校园活动，赠送各类书籍6 000余册，参与师生达400多人。

（7）长期坚持保护管理业务知识培训工作，采取“请进来、走出去”的方式，对哈尼梯田保护区的党员、村组干部、村民、学生、经营业主等广大干部群众进行遗产知识和相关法律法规的培训。

（8）组织哈尼梯田保护管理部门相关人员参加农业农村部国际合作司、中国科学院召开的第五届GIAHS（中国）工作交流会、第五届全国农业文化遗产学术研讨会。根据农业农村部国际合作司、云南省农业农村厅的要求，圆满完成了首届中国农民丰收节庆祝活动。

（四）推进产业发展，促进群众增收

（1）抓好遗产标识的使用管理工作。对“四县”标识的使用管理进行督促检查，确保遗产标识的规范有序使用。积极开展第二批遗产标识申报工作，认真遴选符合条件的企业申报使用世界遗产标识，鼓励农业经营单位进行农产品“绿色品牌”认证。

（2）为进一步促进红河哈尼梯田产业发展，组织召开红河哈尼梯田产业发展工作会议。对从事梯田系列产品开发的20家企业使用遗产标识的情况提出了意见和建议，合力打造梯田生态特色品牌。

（3）继续推动哈尼梯田系列产品的世界遗产品牌宣传展示工作。认真组织遗产地相关企业参加第五届农业文化遗产研讨会期间的农产品展示活动。

（4）开展遗产地农产品品牌摸底调查，向农业农村部、中国科学院地理科学与资源研究所和《中国投资》组织制作的GIAHS系列宣传专刊推送红河哈尼稻作梯田系统农业品牌。

（5）积极扶持元阳粮油贸易公司、绿春县玛玉茶厂等以哈尼梯田红米为主打品牌的农特产品开发企业，引导企业进行世界遗产品牌包装，梯田红米、鱼、鸭蛋、茶叶、中药等绿色特优产品知名度不断提高。

（6）把梯田产业发展与脱贫攻坚相结合，2018年推广红米16.34万亩，产量4.88万吨，总产值3.24亿元，梯田水稻田亩产值由原来的1 324元提高到1 733元；推广哈尼梯田稻鱼鸭综合种养模式12.09万亩，示范区每亩综合产值达6 775余元，共有33 054户农户受益。

（7）与阿里巴巴集团等电商企业合作开展“互联网＋梯田红米”精准扶贫，帮扶种植梯田红米的建档立卡贫困户进行网上销售，销售产值达795.6万元。

（8）因地制宜，在遗产区打造特色旅游村，发展农家乐、农家客栈等旅游服务产业。2018年接待游客634.56万人次，旅游总收入达103.83亿元。

(五)深入调查研究，科研支撑保护

加强与国内知名院校合作，深入开展红河哈尼梯田可持续发展研究。与中国科学院地理科学与资源研究所、中国社会科学院文化研究中心、云南省社会科学院等单位共同联合搭建哈尼梯田文化遗产研究基地；分别与云南师范大学合作开展红河哈尼梯田国家湿地公园本底资源调查，与西南林业大学合作开展水生动物多样性和外来物种调查，与云南省民族研究所合作开展红河州哈尼族自然圣境与哈尼梯田生态文明调研，助力红河哈尼梯田文化遗产保护利用。

二、存在的问题和困难

1. 梯田工程性缺水突出

梯田周边自然生态环境脆弱，梯田灌溉沟渠大多建于20世纪60 ~ 70年代，沟渠老化渗漏和工程性缺水问题较为突出。

2. 耕种梯田经济效益低

哈尼梯田海拔高差大、路途远，耕种成本高、产值低，收入形式单一，耕种梯田的劳动力不足。

3. 遗产保护管理难度大

由于哈尼梯田是活态的农业文化遗产，范围广、遗产元素多，面临的形势比较复杂，保护管理难度和保护资金缺口很大。

4. 旅游开发模式不合理

目前，遗产区旅游业态不丰富，旅游开发的门票经济模式与哈尼梯田活态农业文化遗产的管理不对称，没有真正体现哈尼梯田文化的内涵和特色，老百姓作为梯田主人的利益没有得到充分的体现。

5. 农耕文化传承面临断层

在当前城镇化背景下，当地居民的生产生活发生了巨大变化。青壮年劳力外出务工的人数日趋增多，大部分农村家庭的主要收入来源不再是单一的农业生产，农村的生活、娱乐方式和审美情趣逐渐发生变化，导致对护沟人、护林员、木刻分水制、水力冲肥法等传统管理制度，以及农耕技术、礼俗习俗、节日庆典等传统文化的认同感淡化，文化传承后继乏人。

2018年河北宣化城市传统葡萄园系统保护发展工作报告

宣化区农业文化遗产保护管理中心

2018年，宣化区在农业农村部和河北省农业农村厅等有关部门，以及以闵庆文教授为首的农遗专家的关怀支持和帮助下，牢牢抓住宣化城市传统葡萄园这一全球独特的农业文化遗产，举全区之力，在遗产保护上持续发力，在特色发展上推陈出新，在品牌建设上舍力投入，在融合发展上大步迈进，务实有效地走出了一条集遗产保护、文化传承、生态环保与乡村旅游互搭戏台、相得益彰、协同推进的农业文化遗产保护发展之路。

主要工作

（一）在遗产保护上持续发力，确保历史瑰宝不失色

1. 建立健全管理机构，实施文化遗产的专业保护

由于城市化的推进和京张高铁的修建，农业文化遗产保护管理工作迫在眉睫。为了应对宣化区城市化发展所带来的遗产保护不利局面，2018年3月，宣化区政府专门成立了农业文化遗产保护管理中心，配备专业人员，全面负责全区城市传统葡萄园的保护与管理工作。

2. 建立档案挂牌管理，实现文化遗产的动态保护

2018年，宣化区农业文化遗产保护管理中心对漏斗架葡萄开展摸底调查，并实行建档挂牌保护，做到一架葡萄一个档案，动态跟踪，争取在不流失的基础上有效发展。全区共为2 000余架漏斗架葡萄统一设计定制了标牌，建立传统葡萄园建档监测系统，保证漏斗架葡萄的有效传承。8月份又对观后村780架葡萄进行了挂牌保护，每架葡萄建立专门的详细档案，做到每架葡萄都有档可查，有迹可循。

3. 改善生态环境，为文化旅游创造条件

7月份，农业文化遗产保护管理中心投资8万元，为宣化城市传统葡萄园核心所在地观后村的红园古葡萄园改建，扩建了人行道并修建了一个卫生间，改善了葡萄园景观环境和空气质量，为文化旅游创造了良好的人文环境。

4. 做好数据信息采集，确保遗产动态及时上报

按照《全球重要农业文化遗产保护年度报告》的要求，对2017年度宣化城市传统葡萄园区域的农业资源、技术、品种及文化等相关数据信息进行及时采集，按时填报了“2017年GIAHS年度报告管理系统”，做到数据准确、填报及时。

（二）在特色发展上推陈出新，倾心打造莲花葡萄小镇

为了有效保护宣化城市传统葡萄园这一独特的全球重要农业文化遗产，也为了使得这一文化遗产发扬光大并焕发出新的生机和活力，宣化区政府把保护、传承古葡萄园和发展休闲观光旅游、农耕农事体验、国际文化交流结合起来，专门聘请同济大学进行规划设计，拟投资20亿元，建设以古城为中心、以历史为脉络、以葡萄为主题、以时空为顺序的莲花葡萄小镇。莲花葡萄小镇位于宣化城北广灵门西侧、明代城墙内的宣化城市传统葡萄园核心保护区观后村。2018年建设完工了包括“二龙戏水”、中国红的漏斗架、牛奶葡萄岫玉雕塑、15个全球重要农业文化遗产的图文介绍、张骞文化广场、廊桥、辽代文化广场、梦幻长廊、13.8米高的观景塔在内的一期工程。莲花葡萄小镇实行全年开放，游客可以参加传统庭院式漏斗架葡萄种植、农事活动体验。小镇也成为宣化古城的“绿肺”，成为展示古城活化石的窗口，成为千年古城的文化会客厅，成为古城2 300多年悠久历史和1 800多年葡萄栽培历史的见证者。

（三）在品牌建设上舍力投入，强化牛奶葡萄“脆甜薄”

作为古城宣化的标志和名片，宣化牛奶葡萄一直以其独特的肉脆、味甜、皮薄等特点吸引着广大食客。2018年，宣化区一是对牛奶葡萄地理标志产品保护情况进

行了摸底调查，严格规范了地理标志的使用；二是委托北京东方网景信息科技有限公司对宣化牛奶葡萄品牌进行了中英文网络域名注册保护；三是在区科协的支持下，建立了农业专家工作站，争取了省专项科普项目资金10万元，用于牛奶葡萄的科研工作，经过宣化区葡萄研究所等专家的共同努力，2018年，宣化牛奶葡萄分别获得了河北省优质产品称号、河北知名品牌称号、河北名片等三项省级荣誉。宣化牛奶葡萄品牌价值达到20.3亿元，并且成功申报、获得了河北省农产品区域公用品牌。

（四）在融合发展上大步迈进，让宣化城市传统葡萄园走向世界

为了及时了解全球葡萄发展动态，及时掌握新的葡萄研究成果，也为了把宣化城市传统葡萄园推向世界，宣化区采取包容开放的形式，广泛参与、举办全国葡萄培训研讨会。

2018年3月份，宣化区政府牵头召开了宣化区葡萄产业发展和农业文化遗产保护研讨会，邀请了全国葡萄学会刘俊会长参会，会议讨论如何科学合理地加快宣化葡萄产业发展，有效保护农业文化遗产。6月份，全国葡萄协会副会长田淑芬及王世平到宣化区葡萄研究所就葡萄产业发展及传统葡萄园的保护进行了交流；9～10月份，先后接待了第五届全国观光葡萄学术研讨会观摩团、发达国家GIAHS交流团，日本琦玉县三芳町考察团的考察观摩，并就双方农业文化遗产进行了交流学习。期间还参加了北京全球重要农业文化遗产动态监测系统培训会、宁夏全国休闲农业和乡村旅游管理培训班、内蒙古赤峰第五届全国农业文化遗产学术研讨会、湖北省公安县第二十四届全国葡萄学术研讨会、合肥第十四届全国病虫害防治技术研讨会等

国家级行业会议。通过举办和参加一系列不同级别的葡萄和农业文化遗产研讨会，丰富提高了宣化区的葡萄科研力量，拓宽了科技人员的视野，吸纳了世界各地葡萄领域和各遗产地的新成果，为巩固、发展宣化城市传统葡萄园奠定了良好的基础。为农业农村部11月在全国农业展览馆举办的中国重要农业文化遗产主题展搜集资料、展演项目并组织遗产地有关人员和观后村村民参观中国重要农业文化遗产主题展，同各遗产地交流学习，增强大家作为遗产地人的自豪感和文化自信，以及传承保护农业文化遗产的坚定信念。

开展宣化城市传统葡萄园的宣传、开发工作。举办了特色小镇观摩点旅游产业发展大会，着力做好遗产地接待工作，为全国各地和国际友人讲解古葡萄的历史文化和优秀的农耕文化、传统的栽培技艺。发放宣化城市传统葡萄园相关书籍和资料，让更多的游客去了解这个全球重要的农业遗产。召开了“京西第一府·千年葡萄城·上谷战国红”文化品牌发布研讨会。举办了“首届中国农民丰收节暨观后葡萄采摘节”大型庆祝活动。协助中央电视台综合频道完成了《我有传家宝》摄制组

来观后村取外景并委派葡萄专家赴京拍摄；协助张家口市电视台选取观后村标准葡萄园拍摄“千年葡萄城”，全面反映宣化葡萄栽培历史，漏斗架栽培模式的文化、生态、社会、旅游等价值，以及对现代农业的贡献、启示专题电视节目；《葡文轩》馆藏文物增添字画、玉石、瓷器等物件10余种；制作全球重要农业文化遗产宣化牛奶葡萄的宣传片1部；开展果农技术人员培训3期，丰富宣化牛奶葡萄微信平台，通过平台发布葡萄追根溯源、栽培历史、种植优势、栽培技术、生态功能、品牌价值、保护传承、典故传说等宣传视频、技术信息300多（条）期。

加大科技带动力度，确保遗产地葡萄产业健康快速发展。一是考虑葡萄成熟期短的特点，结合冬奥会，将和金坤农业合作，研究和推广牛奶葡萄延晚成熟，这将作为宣化区葡萄研究所的重点项目。二是在葡萄产业发展方面，本着核心保护、区重点保护，外围大力发展的原则，着力建设江家屯现代葡萄产业园区。江家屯现代葡萄产业园区将建成集科研、试验、示范、推广、培训、旅游观光于一体的多功能的农业现代化基地。2018年完成规划设计。

2018年内蒙古敖汉旱作农业系统保护发展工作报告

内蒙古敖汉旗人民政府

2018年，敖汉旗根据《全球重要农业文化遗产敖汉旱作农业系统保护与发展规划》的相关要求，结合敖汉旗农业重点工作，采取有效措施，加大宣传工作力度，集中优势力促全旗杂粮产业蓬勃发展，加强农业文化遗产保护，建设优质杂粮种植基地，积极打造敖汉小米品牌，开展太空育种，促进全旗农业遗产工作更好更快发展。

一、主要工作

（一）农业文化遗产保护工作成效显著

1. 开展农业文化遗产监测及信息报送工作

依据农业农村部的相关要求，敖汉旗确定了兴隆洼镇大窝铺村、新惠镇扎赛营子村为重点监测村，通过查阅资料、实地调研、举办交流会等形式对核心村进行监测，并定期向农业农村部汇报敖汉旗农业文化遗产保护与发展工作完成情况。为做好遗产地保护与发展工作，及时掌握遗产地动态，分享遗产地保护经验，积极向农业农村部、中国科学院上报遗产地监测及工作动态信息。一年来报送信息36条，《农业文化遗产简报》择优刊登32条。

2. 加强传统农家品种保护工作

积极组织技术人员对搜集到的杂粮传统农家品种进行整理、入库。在每年开展种植、仓储等保护形式基础上，2018年开展了品种扩种的保护形式，在敖汉旗各地扩大黑谷子、兔子嘴小白米、老玉米、黄豆、黑糜子等品种5个，面积13亩。

3. 加强生态环境保护

2018年，深入推进农业农村部化肥农药零增长行动，围绕强化农企合作整建制推广配方肥、强化耕地保护与质量提升、转变农民传统施肥方式三个工作重心，发展以测土配方施肥技术为主的控肥增效面积360万亩，农民施用配方肥面积260万亩，耕地施用配方肥面积达65%以上；推广水肥一体化技术面积94.14万亩，其中集中连片示范面积1.23万亩；完成有机肥施用面积307.2万亩，施用量182.1万吨，其中生物有机肥施用面积5万亩，施用量1 000吨；完成农作物病虫综合防治面积233万亩，其中化学除草183万亩，苗期害虫防治50万亩；统防统治面积59万亩，其中全程综合防治5万亩，谷子防治白发病统一包衣面积50万亩，赤眼蜂防治玉米螟4万亩。这些措施有效地解决了化肥农药污染的问题，保护了生态环境。

4. 开展国际交流合作

世界粮食计划署官员到敖汉旗调研旱作农业系统，深入探索旱作农耕模式在维持农业可持续发展和解决全球饥饿问题中的积极作用，敖汉旱作耕作制度是中国农业的一个范例，展示了一种更好的耕作方式，应该在其他地区得到推广和复制。国际生物多样性中心专家到敖汉旗调研传统农家品种保护情况，

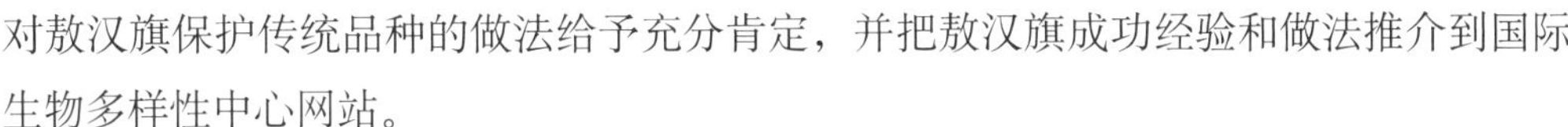

对敖汉旗保护传统品种的做法给予充分肯定，并把敖汉旗成功经验和做法推介到国际生物多样性中心网站。

（二）农业文化遗产发展工作再创佳绩

1. 抓好国家食物营养教育示范基地建设

抓好杂粮基地建设，建设优质杂粮种植基地160万亩，其中有机杂粮基地5万亩，绿色杂粮基地27.2万亩。引进富硒谷子种植，示范面积1 250亩，通过施硒肥和喷叶肥两种形式生产富硒谷子。开展营养教育培训，通过品种保护基地、博物馆、农博会、电视台、新媒体、小轮车赛事等多种形式开展，对全民开展小米营养健康宣传培训，取得了良好效果，受到广大消费者的喜欢。积极配合《敖汉小米食用指

南》编写组调研，拍摄小米食用照片。开展了中国特色农产品敖汉小米优势区创建申报工作。

2. 全力宣传推介敖汉小米品牌

积极做好敖汉小米区域公用品牌宣传推介工作，配合浙江农本咨询公司做好敖汉小米品种战略规划。组织技术人员参加中国老区建设促进会组织"一县一品"扶贫行动入选答辩工作，使敖汉小米入选首批"一县一品"品牌扶贫行动，成为全国35个农产品品牌之一，并作为全国8个地区之一的农产品品牌亮相中国品牌年度盛典晚会。积极参加中国梦·扶贫攻坚影像盛典评选活动，微电影《谷乡之恋》在"中国梦·扶贫攻坚影像盛典"颁奖会上脱颖而出，荣获剧情类三等奖，获得2018年赤峰市"五个一工程"奖。

3. 抓好杂粮销售

在第九届中国国际薯博会设立了全球重要农业文化遗产——敖汉旱作农业系统展示区，作为东北地区唯一一个全球重要农业文化遗产，参加了中国农业文化遗产农产品专题展，收到了良好的宣传效果。积极组织涉农企业、合作社参加第十六届国际农博会、第六届内蒙古绿博会、上海进博会等博览会，宣传展示自主品牌，内蒙古金沟农业的"兴隆沟小米"获得第十六届中国国际农产品交易会参展农产品金奖，"兴隆沟荞麦米"在第十九届中国绿色食品博览会暨第十二届中国国际有机食品博览会上获得金奖。在赤峰和润农业设置敖汉农产品专题展，实现旅游+农产品。继续扶持规模达3 000万元以上的杂粮加工企业，在"三品一标"认证、品牌补贴方面给予支持。

4. 积极打造敖汉小米百亿元产业

组织技术人员完成了《敖汉小米百亿元产业发展规划（2018—2025）》，通过政策扶持、资金支持、人才引进、项目推进、品牌打造、培育重点企业上市挂牌等措施，推进小米产业持续健康快速发展，一产提规模，二产上档次，三产拓空间，实现一二三产业融合发展，把敖汉旗建成世界谷种研发输出基地和面向“环渤海”“京津冀”地区绿色有机农畜产品生产加工输出基地。

5. 开展了太空育种及新品种引进试验

以敖汉旗农业文化遗产保护与小米产业发展院士工作站为依托，积极开展太空育种，已完成敖汉基地三代试验，选择221份赴海南基地进行种植，其中谷子216份，高粱5份。新品种引进方面，承担了东北谷子产业带核心区新品种联合鉴定试验，引进新品种17个。在敖汉小米气候品质认证方面，在兴隆洼、新惠镇落实试验地2处，面积5亩，开展谷子分期播种试验，为小米气候品质认证提供数据支撑。

6. 强化农业文化遗产宣传

在加强区市旗三级媒体宣传的同时，积极联系国家级媒体，经过努力，美国地理频道《寻脉》摄制组走进敖汉旗探寻小米起源的足迹，中央电视台军事·农业频道《大国农业》摄制组以敖汉小米为切入点集中反映传统农业中可持续发展理念对现代农业的启示，浙江卫视《丰收中国》摄制组走进敖汉旗拍摄谷子丰收场景。赤峰改革开放四十年重点采访敖汉小米发展历史。

7. 抓好首届中国农民丰收节庆祝活动

积极组织四家子镇、兴隆洼镇申报农业农村部的中国农民丰收节特色村和文化村申报工作，兴隆洼镇大窝铺村的“兴隆沟祈雨祭祖”活动入选全国100个文化村，并于9月23日在兴隆镇大窝铺村兴隆沟开展了庆祝“兴隆沟祈雨祭祖”入选全国100个乡村文化活动暨敖汉旗首届中国农民丰收节，组织文艺汇演、农产品展示、农民运动会等丰富多彩的庆祝形式。

8. 加强农业文化遗产学习交流

在第五届全国农业文化遗产工作交流会和学术研讨会上，敖汉旗由于农业文化遗产品牌助推地方经济发展做出卓越贡献，在会议上分享成功经验。参与了农业农村部组织的浙江湖州桑基鱼塘保护与发展监测基本情况调研，撰写了调研报告。

9. 组织召开了第五届世界小米大会和首届敖汉小米音乐会

参与完成第五届世界小米大会的方案制订、领导专家邀请、企业通知、展厅布置等相关工作，确保大会顺利召开，该会议邀请了世界粮食计划署、驻华使节等专家到会指导并做主旨发言，提高会议的档次。积极参与组织首届敖汉小米音乐会，在兴隆洼镇嘎查村举办了首届敖汉小米音乐会暨农业文化遗产故事分享会，农业文化遗产中心人员在会上分享了这些年农业遗产保护经验，在广大农民中产生了很好的宣传效果。

10. 积极在国家期刊上发表论文

2018年，组织技术人员撰写论文，在《种子》《中国农业科技导报》《植物遗传资源学报》《中国生态农业学报》等中国核心期刊发表论文4篇，其中第一作者3篇，填补了敖汉旗农业系统在国家核心期刊发表论文的空白。有一名科技人员被评为“赤峰市优秀科技工作者”。

二、取得的成效

总结一年来的工作，敖汉旗农业文化遗产保护与发展工作成绩显著，亮点纷呈。

（1）微电影获得“五个一工程”奖。拍摄中国第一部农业文化遗产题材微电影，获得赤峰市“五个一工程”奖。

（2）国家核心期刊发表论文多篇。在《种子》等国家核心期刊发表论文4篇，刷新了旗县级在国家核心期刊年内发表论文最多的纪录。

（3）国际交流力度进一步加大。世界粮食计划署及各国驻华使节到敖汉旗调研敖汉旱作农业系统，增进了国际交流。

（4）宣传层面向国际推广。在加强国内宣传的同时，向国际宣传敖汉农业文化遗产。美国地理频道到敖汉旗拍摄《寻脉》。

（5）敖汉农业遗产影响力日益提高。几年来，敖汉农业遗产保护取得的成绩引起联合国、农业农村部的关注，农业遗产中心技术人员已作为专家参与农业农村部组织农业遗产地监测基线调研。

（6）敖汉小米入选“一县一品”品牌扶贫行动，成为全国35个旗县之一。

（7）科技人员被评为“赤峰市优秀科技工作者”。

2018年贵州从江侗乡稻鱼鸭系统保护发展工作报告

贵州省从江县农业农村局

2018年从江县农业文化遗产工作在各级党委、政府关怀重视支持下，在农业农村部国际合作司、中国科学院地理科学与资源研究所等各级领导、专家的支持指导下，各项工作进展顺利，稻鱼鸭产业稳步发展。

一、基本情况

2018年，从江县实施稻鱼鸭示范4 000亩，覆盖11个乡镇35个村，补助农户鱼苗1.6万千克、鸭苗6万羽。全县完成推广稻鱼共生及稻鱼鸭生态种养模式面积12万亩，稻鱼鸭园区完成总投资3.076 5亿元，建高标准种植业基地2.132万亩，园区入住企业8家，其中注册资金500万元以上企业4家，培育农民合作社16家，完成无公害农产品认定基地5 549亩。“三品一标”累计有效认证7个。产业覆盖全县19个乡镇，覆盖贫困人口16 500人，2018年带动贫困户252户1 040人，贫困户户均增收3 800元，实现产业脱贫。

二、主要工作

（一）成立机构

为弘扬传统农业文化，珍惜利用全球重要农业文化遗产品牌，加快从江县农业农村经济的发展，成立了由县长任组长、分管县长任副组长、相关部门及乡镇主要负责人为成员的从江县重要农业文化遗产——从江侗乡稻鱼鸭复合系统保护与发展工作领导小组。并下设办公室在县政府办公室，设置农业文化遗产保护与发展管理办公室，专门安排人员开展工作。

（二）制订措施

1. 制定管理办法

为了加强从江农业文化遗产保护管理和开发利用，促进经济社会协调发展，制定了《全球重要农业文化遗产——贵州从江侗乡稻鱼鸭复合系统保护管理办法》，有利于开展保护与发展管理工作。

2. 编制发展规划

2015年，贵州省人民政府批准“从江侗乡稻鱼鸭生态农业产业示范园”为省级农业园区。根据园区情况，从江县编制了《从江侗乡稻鱼鸭系统生态农业产业示范

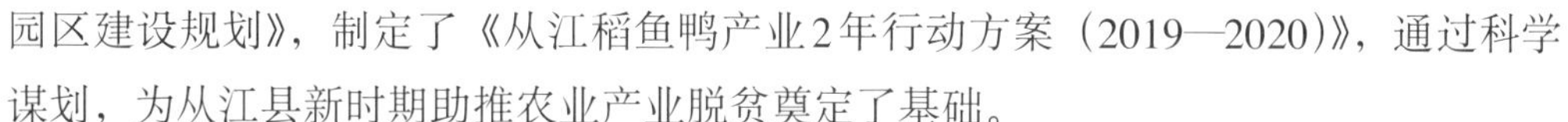

园区建设规划》，制定了《从江稻鱼鸭产业2年行动方案（2019—2020）》，通过科学谋划，为从江县新时期助推农业产业脱贫奠定了基础。

3. 明确保护区域

侗乡稻鱼鸭系统是从江传统农耕文化。从江县将全县19个乡镇列入保护范围。在此基础上划定6个乡镇15个行政村为核心保护区域。重点将侗族大歌——小黄村，人口生育文化——占里村，地方鲤鱼苗种传统繁殖生产区——平正村，国家湿地公园——加榜梯田等糯禾鱼鸭、稻鱼鸭各个区域的功能设立动态信息监测点，保护目标纳入定期评估和监测，充分调动群众参与农业文化遗产保护与发展的积极性。

4. 规范标识管理

按照FAO及农业农村部《重要农业文化遗产管理办法》，加强对特色农产品质量监管，从江县人民政府下发了《全球重要农业文化遗产保护地和农产品地理标志标识使用管理办法》，规范管理，杜绝假冒伪劣农产品上市。

5. 纳入财政预算

2018年从江县政府安排农业文化遗产保护经费300万元，专项用于稻鱼鸭种植养殖产业的保护与发展。

（三）创办示范

1. 糯禾·鱼·鸭种养示范

2018年，在县内的高增乡小黄村、占里村、往洞的高传村、加榜乡加车村等乡村创办从江糯禾鱼鸭系统保护与发展技术示范点，在西山镇拱孖村和高增乡岜扒村创办“农业文化遗产”休闲农业试点。先后完成风雨长廊、凉亭、生产便道（青石板路）等建设，并在示范田间安放黄色黏虫板、诱虫盒、太阳能杀虫灯等生物防治技术，创办面积240多亩，辐射带动稻鱼鸭基地建设发展2.5万亩。

2. 有机稻·鱼·鸭种养示范

九芗农业、丰联农业等企业创建稻鱼鸭有机农业示范生产基地1 780亩，带动贫困户发展稻鱼鸭种养有机产品转换基地2 300亩。

3. 在刚边乡平正村建设传统鱼苗繁育基地

该基地建有亲鱼培育池、鱼种培育池50亩，产卵池15口（100平方米），孵化池

50口（400平方米），具有养殖地方鲤鱼亲本5 000尾、年繁殖生产鱼苗水花5 000万尾、生产规格鱼苗50万尾的能力。

（四）发展产业

1.探索产业发展模式，推动精准扶贫

按照从江县委、县政府确立的“1+3+N”产业脱贫思路，一是发展香猪为主导产业，覆盖月亮山区8个乡镇100个贫困村2.5万贫困人口。二是发展稻鱼鸭、椪柑、油茶特色产业，覆盖19个乡镇70个村1.65万贫困人口，九芗农业、丰联农业等企业创建有机农业示范生产基地，采取与基地农户（建档立卡贫困户）建立利益联结机制，实行订单生产，年为农户无偿提供有机水稻种子2.67吨，有机肥料178吨。三是发展蔬菜、小香鸡等产业为辅助产业。实施“政策驱动”“入股返聘”等六种产业扶贫模式，提高特色产业对全县脱贫攻坚的贡献率。

2.打造特色产品品牌，提高产品质量

2011年以来，实施了糯禾、香猪等无公害农产品产地认定企业、合作社有32

家；绿色食品1家；大米有机产品企业4家，证书6张；地理标志产品2个。其中，2018年新增糯禾、香猪、鸡活体及鲜蛋等无公害农产品产地认定企业、合作社10家，有机、绿色食品4家。

3. 做好标识推广应用，提升产品价值

通过企业在农产品包装上应用全球重要农业文化遗产标识，在国内外开展的招商引资、市场推介、农产品交易会、博览会上广泛开展宣传，增强全国客商对全球重要农业文化遗产保护地产品的认知度。

4. 创建中介组织平台，拉动产品营销

一是从江县着力开发“七香”农产品，活跃当地生态农产品消费，建立了从江县七香农业投资公司，在国内设立农特产品营销网点、稻鱼鸭农耕实体店、美食餐厅等108家。二是积极发展电商。有27家企业、专业合作社实现电商转型。从江县境内入驻淘宝、京东等第三方电商平台的网店达168个。线上销售的从江网货已有40余种。全县已建成运行的农村电商综合服务站79个，为全县贫困户网络销售农产品打下基础。

（五）交流学习

开展国内外交流，开阔眼界，取长补短，增进共识。2018年8月，从江县副县长苏建国和副局长韦必武到日本和歌山县参加第五届东亚地区农业文化遗产学术研讨会。在国内，积极参加由农业农村部、中国科学院组织的各项论坛、国际有机峰会、国际农特产品展，走出去交流学习各遗产地工作经验。2018年7月，积极参加在内蒙古举办的第五届全国农业文化遗产学术研讨会和第五届全球重要农业文化遗产（中国）工作交流会，在第五届全球重要农业文化遗产（中国）工作交流会上，从江县人民政府副县长苏建国作了题为《贵州从江侗乡稻鱼鸭复合系统保护与发展》的交流发言，介绍了从江县通过有力措施实施稻鱼鸭复合系统的保护和开发。

三、取得的成效

（一）示范带动效益提升

通过示范种养、标准化管理，经测产，实现亩产平均提高10%以上，水稻平均

亩产513.5千克，田鱼产量35千克，鸭产量37.5千克，平均亩产值5 600元以上。2017年，从江县实现优质水稻产量7.78万吨，产值2.15亿元，香禾糯总产量0.78万吨，产值0.62亿元；田鱼总产量1 380吨，产值0.44亿元；鸭总产量190吨，产值575.66万元。

（二）全县稻鱼鸭种养产业

2018年，从江县农业农村局组织农业技术人员，在从江县15个乡镇实施稻鱼鸭种养产业，支持农户鱼、鸭苗种，发展稻田养鱼、养鸭，共覆盖65个村4 602户（其中贫困户1 209户），实现户均产值5 000元以上。

（三）涌现贫困户致富典型

稻鱼鸭复合的生态农业系统，是从江县山区农民赖以生存的耕作方式，历史悠久。当地群众充分利用稻田水面资源，将鱼、鸭引入稻田，形成稻鱼鸭共生的复合系统，一田多用，有效缓解了人地矛盾。从江县以其丰富的生物多样性、独特的农业复合生产模式、古朴的少数民族传统文化，发挥全球重要农业文化遗产品牌优势，大力发展稻鱼鸭生态种植养殖产业，涌现了一批脱贫致富的典型示范，为从江这一国家级贫困县的发展注入新的动力。

（1）创建西山镇拱孖村稻鱼鸭生态种植养殖示范基地，面积240亩，示范户143户（其中贫困户94户），建立“公司＋合作社＋农户”的经营模式，发展农民合作社一家，示范推广稻田高产养鱼，实行订单生产，公司回收商品鱼。采取增加稻田养

鱼鸭设施；安放黄色黏虫板和物理杀虫灯；引鱼、鸭入田；开展技术培训指导，实现稻鱼鸭三丰收。2018年该项目初见成效，除了比往年粮食增产外，2018年鱼每亩产量35千克，折价14.98万元收入，鸭子每亩产量20千克，折价8.56万元收入，群众收入明显提高。

（2）在刚边乡平正村积极创办平正鱼苗繁殖示范基地，该村成立鱼苗繁殖专业合作社，入社社员50户（其中贫困户15户），在理事长龚青春引领下，年复一年在春季利用各自稻田开展繁殖鱼苗，远销县内外。2016年，县农业局组织水产技术人员对从江县田鲤繁育基地设施，实行技术改造升级。经努力，完成繁殖产卵池和鱼苗孵化池技术改造升级。建设亲鱼繁殖产卵池20个、孵化池120个；搭建遮阴避雨保温棚580多平方米；完善进排水管道2 000米；开展科技指导25次，协助合作社申请国家发明专利2项。2018年合作社有38户培育鱼花、寸片鱼苗、发展商品鱼，年创产值33万多元，年户均销售纯收入0.87万元，通过稻田养鱼、培育苗种销售，实现家庭人均增收0.22万元。

（3）返乡创业。从江田鱼养殖户石厚生，从广东打工返乡创业，于2015年1月，创办含量养鱼场，养鱼面积10亩，其中，利用溪沟筑坝7.5亩、加高田埂蓄水2.5亩。2018年，培育规格鱼苗30多万尾，产值13万元，纯收入8万多元。辐射带动高麻、平中、鸡脸、银平等村的农户发展本地鱼苗生产，起到积极示范作用。

（四）品牌建设与供给侧结构性改革案例

2011年以来，从江县引进成立丰联农业公司、九芗农业公司、粤黔香猪公司等龙头企业，培育了江南精品香禾种植专业合作社等。利用全球重要农业文化遗产、地理标志保护等品牌，采取“公司+合作社+贫困村（贫困户）”的模式，积极开发有机农业、高端农产品。

（1）从江县农业农村局积极支持贵州月亮山九芗农业有限公司创建品牌。2018年，公司在省、州、县农业、科技等部门的项目和技术专家支持下，充分利用稻鱼鸭生态复合系统种植模式，采用“公司+基地+农户+合作社”方式，在从江县19个乡镇135个行政村15 000余户实施订单农业5.52万亩，在全县8个乡镇的16个村，建立优质稻种植示范基地4.5万余亩、特色香禾生产基地7 000余亩、香禾提纯复壮基地及香禾品种选育基地500亩、绿色防控基地1 000亩等6个生产示范基地总面积5.35万亩。2018年，公司共加工生产优质稻米、稻鱼鸭米（贡米）、香禾糯米、红米、紫米等5种珍情牌系列产品共计2 580多吨。并取得无公害农产品产地认定证书、贵州绿色农产品证书、有机农产品认证证书，同时正在申报产品出口澳门配额指标。2018年公司与2 600多户贫困户实施订单面积1 252亩，使1 500户贫困农户增加收入走向了脱贫奔小康之路。

2018年共收购各类优质品种稻谷4 300多吨，其中兑现订单2 180吨。产品销量达2 428吨，销售额达1 580万元。

（2）积极协助支持从江丰联农业有限公司巩固发展有机大米生产与销售。自2010年以来，在县内的往洞乡增盈村与495户农户（其中贫困户72户）合作建设有机大米生产基地780亩，年产有机大米200多吨，实现年产值250.15万元，实现亩增收1 200元，增强带动农户脱贫增收的能力。该公司已于2016年获有机产品认证证书。应用带有“全球重要农业文化遗产”标识1～5千克包装，发展电子商务，增强品牌效应，完善产业链，提高产品价值，实现企业增效，有效促进农户增收。

（3）从江精品香禾种植专业合作社，自2012年以来，在香禾糯种质资源保护区与村民合作，实行科研与贫困户订单生产相结合，发展社员162户（其中贫困户52户），发展香禾糯种植1 150多亩，该社年向社员回收香禾糯加工销售收入284万元，年户均产值1.75万元。

四、存在的问题和困难

（1）青壮年外出务工多，留守从事农业生产劳动力数量不足。

（2）国家支持发展农业机械化、微耕机的推广普及，使得农业文化遗产的传承和保护面临新的挑战。

（3）受地质条件限制，农田水利建设滞后，基础设施防灾、抗灾能力不强，给从江侗乡稻鱼鸭复合系统的发展带来困难。

（4）企业带动能力弱，专业合作社组织化程度低，农产品开发全产业链滞后，制约产业发展。目前，稻鱼鸭深加工系统能上架销售的“三品一标”产品有香禾糯、有机大米、油茶、香猪等。

2018年江西万年稻作文化系统保护发展工作报告

江西省万年县农业农村局

稻作文化是万年县最重要、最绚丽的一张名片。万年县委、县政府一直将保护与传承好万年稻作文化作为做强万年贡米文化品牌、发展万年农业农村经济的基础和重要手段，不断挖掘万年稻作文化内涵，大力推进贡米产业化、旅游稻作化。

一、主要工作

（一）明确定位，不断提升稻作文化在万年县经济社会中的统领作用

万年县充分发挥稻作文化服务统领全县经济社会发展的作用，把稻作文化作为统筹全县经济社会发展的依托和灵魂，努力宣传、创造、培植具有万年稻作文化风格和特色的文化成果和文化产业，推进稻作文化与产业、旅游、科技、物流、商贸、节庆、会展等产业的融合发展。

为更好地弘扬稻作文化，多届万年县委、县政府依据现时情况，先后提出了“弘扬稻作文化，加速工业崛起，建设中国贡米之乡，全面融入鄱阳湖生态经济区”“弘扬稻作文化，加速工业崛起，推进商旅互动，建设美丽城乡，全面融入南昌大都市区”等县域经济发展指导思路。2018年，县委、县政府针对发展新形势继续提出了“弘扬稻作文化，推动产业升级，打造生态城乡，建设幸福万年”的发展战略，其核心都是围绕稻作文化展开。

（二）强化保护，落实了一批对文化遗产的保护机制

（1）继续做好原种万年贡谷的保护工作。通过与江西省农业科学院合作，2015年万年县农业局开展了原种万年贡稻的品种提纯复壮工作，并计划用10年左右的时间恢复并稳定传统贡米的各项遗传性状。此外，进一步完善并执行了原种贡米保护

价收购机制，即原种稻谷按国家保护价的3倍收购，切实保障传统贡稻种植农户的利益，提高农户的积极性。

（2）强化了《加强仙人洞风景区遗址生态保护的规划》等文件精神的执行力度。

（3）继续从机构方面保证稻作文化保护工作的有力推进。2019年3月，在本轮机构改革中，根据万年县委印发的万年县农业农村局的“三定”方案，成立了万年县稻作文化传承与保护办公室这一行政机构。

（三）加强研究，全方位挖掘万年县稻作文化精髓

（1）不断提炼挖掘稻作文化内涵。通过系统收集、整理与万年县稻作文化系统有关的资料和文化表现形式，从农业遗址、农业技术、农业物种、农业民俗等方面入手，先后出版了《人类陶冶与稻作文明起源地——世界级考古洞穴万年仙人洞与吊桶环》《万年稻作文化系统》《稻作文化简明知识读本——稻作文化看万年》，创刊了《万年稻作文化研究》《稻源之窗》《稻香万年》等稻作文化刊物。万年稻米习俗成功申报第四批国家级非物质文化遗产。万年县农业农村局还广泛挖掘收集“神农”文化以及富有稻作文化特色的南溪跳脚龙灯、青云抬阁、乐安河流域“哭、嫁、吟、唱”和盘岭大赦庵的传说等相关民间民俗资料，编撰民间文化资料册。这些工作的成功推进，赋予了万年县稻作文化系统更多、更新的文化内涵。

（2）通过承办农业考古国际学术讨论会、栽培稻与稻作农业的起源国际学术研

讨会、稻作起源地学术研讨会、稻米产业绿色安全可持续发展研讨会、全球重要农业文化遗产中国项目专家委员会暨万年稻作文化遗产保护与发展研讨会等与稻作有关的国际会议，作为推介万年县稻作文化的重要平台。

（四）广泛、多途径宣传、展示与弘扬万年稻作文化

（1）从2005年开始，万年县每两年举办一次国际稻作文化旅游节，先后举办了四届。2018年10月，作为农民丰收节一个重要的分会场，万年县在贡米原地举办了一场声势浩大的万年贡米丰收开镰节，主题就是弘扬万年稻作文化、壮大万年贡米产业，今后万年县会将弘扬与保护万年稻作文化作为农民丰收节的主题不间断地举办下去。

（2）积极在中央电视台等各大媒体宣传推介万年稻作文化，让全球重要农业文化遗产地、稻作文化起源地——江西万年的形象深入人心，不断提升万年贡米品牌的知名度、美誉度。目前，万年贡米依托江西省区域公用品牌项目，将用3年左右的时间，约1.2亿元资金，在全国范围全面开展品牌打造及宣传活动，包括在中央电视台综合频道和新闻频道黄金时段进行万年贡米广告播出，在中央电视台农业农村频道和气象频道开展万年贡米主产区的宣传，在江西卫视进行全年的万年县贡米品牌广告播出，在全国大型、重点商务区进行广告推送。万年县还积极借助多种媒体开展万年稻作文化的宣传：在2018年江西卫视春晚和北京世博会江西园开展万年贡米的品牌冠名；中央电视台军事·农业频道“全球重要农业文化遗产系列片”及中央电视台《传承》栏目等多个以万年稻作文化为主题的栏目组，近几年持续在万年县开展稻作文化的拍摄、制作与播出。此外，新华网、人民网、人民日报社等多个重要媒体也多次在万年县制作农业文化遗产节目。

通过继续宣传及品牌提升计划，很好地提升了万年稻作文化及农业文化遗产的形象及感召力。2017年10月万年贡米被列入国家粮食局遴选的“中国好粮油”第一批企业产品名录。万年贡米品牌2018年的评估价值达59.09亿元，同比增幅达22%。万年贡米已成为天猫、京东等知名电商平台的大米核心品牌，线上销售额增幅30%以上。2018年万年贡集团产品销售收入近30亿元，同比增长5.8%，利润总额达1.21亿元，同比增长8.9%。

（3）积极参加各类展示展销活动，宣传、展示、提升万年贡米的品牌形象，在2017年、2018年中国国际农产品交易会上，万年贡米均获得农交会产品金奖。

（4）积极做好对外农业文化交流活动。2018年，万年县先后接待了多批以农业文化为主题的国内、国际学者和专家及业内人员的学术交流和培训活动。

（5）努力宣传、创造、培植具有万年稻作文化风格和特色的文化成果和文化产业，推进稻作文化产业与科技、旅游、物流、商贸、节庆、会展等产业的融合发展。

借助市场机制盘活文化资源，打造以世界稻作文化为主题的农耕文化、贡米文化、珍珠文化、民俗文化、群众文化、旅游文化。广泛开展了相关的培训工作，进一步增强遗产地的贡谷及栽培习俗的保护意识。

（6）继续推进将万年稻作文化写入教科书的相关工作，也取得了较好的成效。人教版、川教版、中华书局版及经过联合国教科文组织核定的上海2007年版历史教科书，均已把江西万年仙人洞写入了最早稻作起源地。

（7）大力推进稻作旅游。万年县旅游的核心就是稻作旅游，围绕建设“全省一流，全国知名的稻作文化休闲旅游目的地”的总体目标，多年来，万年县积极将有机农业、生态农业产品融入旅游，开发围绕稻作文化的旅游项目，倾力打造独具特色的万年稻作旅游业。近年来，万年县每年都会举办多次以稻作文化为主题的书画大赛，以及每年在贡米原产地举办贡米收割节、插秧节、农耕体验、生态稻作休闲等系列稻作体验活动，这些活动参与人员不仅有中小学生，也有各阶层人员，有万年人，也有很多外地慕名而来的游客，取得了非常好的效果。2018年，万年县稻作旅游业继续迅速发展，据统计，全年完成旅客接待达到260万人次。

（8）在创新发展中培育稻作文化，加大科技引进与创新力度，积极推进、强化“与院士合作、与院校合作”，万年县委、县政府特聘袁隆平院士为万年贡米产业发展首席顾问，袁隆平、谢华安、颜龙安和陈温福四位院士在万年贡米集团联合设立的院士工作站已全面在万年县开展工作；另外，与江西农业大学、江西省农业科学院、中国水稻研究所等院校建立的校县、院县技术合作与引进也正在推进。在创新发展中培育稻作文化，积极推进贡米产业转型升级。裴梅、大源等有稻作文化资源的乡镇纷纷打出了“稻虾共养、鸭稻共栖、蛙稻共栖”和“有机稻物联网私人订制农场”等稻作文化生态牌，万年稻作文化生态、自然、安全、优质的元素被进一步确立。

（9）大力推进稻作文化各类建设项目。仅2018—2019年万年县就有一批以稻作文化为主题的项目建设完工：一是经过一年多的建设，万年稻作文化主题公园正式完工，成为万年展示稻作文化的重要窗口，其中大量关于万年稻作文化系统的雕塑、景观为广大游客提供了更多、更直接了解稻作文化起源与发展的机会，更进一步增添了万年县人民作为稻作起源地的自豪感；二是投资3 000余万元的万年县仙人洞、吊桶环遗址博物馆易地重建工作主体工程建设已基本完成；三是推进万年稻作文化与陶文化的有机融合，围绕万年陶起源的相关概念，万年县投资2 000余万元建设的中国陶文化博物馆，已正式营业；四是重点推进了国米文化生态产业园建设，主要包括建设稻作文化博物馆、稻作文化体验馆、稻作文化村及稻作度假村、国米加工厂、贡米酒厂、精制植物油加工厂等，也包括一批“世界稻作文化发源地”特有的标志性景点和建筑。

2018年陕西佳县古枣园系统保护发展工作报告

陕西佳县农业农村局

一、基本情况

（一）县域基本情况

1. 区域位置

佳县位于陕西省东北部黄河中游西岸，毛乌素沙漠的东南缘。东与山西临县隔黄河相望，西同米脂接壤，南同吴堡县山水相连，北同神木市毗邻，西南依绥德，西北靠榆林。佳县是颂歌《东方红》的故乡，是毛泽东等老一代党中央领导人战斗生活过的地方。

2. 自然条件

佳县属于大陆性半干旱季风气候，其特点是四季分明，夏季炎热，冬季寒冷，日照充足，昼夜温差大，远离工矿企业，空气、水源、土壤无污染，是农产品生产的最佳区域，优质农产品生产潜力巨大。

3. 社会经济

佳县总土地面积为2 029.28平方千米，全县辖12镇1个街道办，325个行政村（社区）。辖区户籍9.41万户，人口26.59万人，其中城镇常住人口8.11万人，城镇化30.5%。2018年全年实现生产总值51.51亿元，同比增长9.0%，其中第一产业增加值11.13亿元，增长5.1%，占佳县生产总值的比重为21.6%；第二产业增加值19.36亿元，增长9.6%，占佳县生产总值的比重为37.6%；第三产业增加值21.02亿元，增长10.89%，占佳县生产总值的比重为40.8%。

4. 农业生产

佳县耕地面积47.02万亩，人均1.77亩，可利用草地107.8万亩，林地面积174万亩，其中红枣林面积82万亩。粮食作物以玉米、谷子、薯类、大豆、绿豆等杂粮为主。畜牧业以大家畜、羊、生猪、家禽等为主。经济林以枣树为主，是全国首家绿色有机红枣认证生产基地，产量居全国各县之首。枣树

历来被本县农民视为“铁杆庄稼”“保命树”“致富树”，为中国红枣名县。

（二）遗产地基本情况

1. 佳县古枣园系统基本情况

佳县古枣园系统主要指佳县沿黄河边8镇1个街道办事处，总土地面积1 324.5平方千米，占全县总面积65%以上。区域有5.6万户，20多万人口，占全县人口76%以上。枣林面积41万亩（其中有古枣树15.2万余株），常年产鲜枣1.75亿千克左右，年总产值3亿元，红枣是佳县最大的支柱产业，也是大多数农民的主要经济来源。

2. 核心保护区基本情况

天下红枣第一村——佳县朱家坬镇泥河沟村是黄河岸边的一个古村落，户籍人口296户1 080人，有耕地1 800亩，枣林1 915亩（其中野生酸枣180多亩），年产鲜枣50多万千克。泥河沟千年红枣以其肉厚、色红、味醇、油性大等为特点，早在明清年间已成为陕北大枣中的“名牌”产品，深受消费者的欢迎，红枣历来就是村民主要的经济来源。

泥河沟村现有36亩千年古枣园，园内共生各龄枣树1 100余株，其中最大的杆周达3.41米，这些古枣树虽饱经风霜，仍枝叶繁茂，果实丰盈，该古枣树群落是当今全球面积最大、株数最多、树龄最高、保存最好的千年古枣树。2014年被联合国粮农组织认定为全球重要农业文化遗产佳县古枣园系统的核心保护区。

二、主要工作

佳县红枣栽培历史悠久，是中国大枣的起源地，当地群众把枣树视为“铁杆庄稼”“保命树”“致富树”，历届县委县政府都十分重视红枣产业，特别是2014年佳县古枣园被联合国粮农组织认定为全球重要农业文化遗产后，县委、县政府把古枣园的保护与发展作为全县脱贫致富的主要抓手，保护优先、持续发展的理念已成为广大干部和枣农的普遍共识。

（一）全力推进保护工作

1. 保护原生态环境

佳县泥河沟千年古枣园原本就是一个数千年形成的天然生态循环系统，村里村外，漫山遍野的野生酸枣、栽培型大酸枣、过渡型枣、栽培型大枣树构成了十分完

善的红枣自然生态博物馆，但因多年失修，近年保护力度也不够，在地方财力极度困难的情况下，2018年完全由政府出资560万元，对核心保护区的防洪、给水排水系统、田间道路等给予全面保护性维修，严禁以利用保护与发展全球农业文化遗产为名，对核心保护区的过度无序开发。

2. 保护传承枣、粮、蔬种植模式，生产优质有机红枣

枣、粮、蔬种植模式，不仅是佳县古枣林历来普遍采用的耕作模式，也是古枣园系统作为全球重要农业文化遗产必须传承的核心技术，是现代科技证明的一种高效生态生产模式。为了更好地传承这一核心技术，2018年县政府拿出200万元，对泥河沟、大会坪、小会坪、木头峪、荷叶坪等沿黄滩地的2 000亩成片老枣林集中改造，流转给4个枣业合作社，对完成传承技术好的地方，每亩直补1 000元。该项目的实施，有力推进了全县遗产保护与传承工作，效果十分明显。

3. 保护挖掘推广中国红枣文化

红枣文化是我国特有的文化，也是传承至今从未中断的农耕文化，为了更深挖掘、保护与推广红枣文化，中国农业大学以孙庆忠教授为首的团队，在两年的时间里，先后住佳县红枣重点产地60多天，通过参与式调研，他们从搜集老照片、老物件入手，采访百余位县乡干部，为古枣园古村落存档了2 000余幅珍贵的影像照片和100多万字的口述资料，编写了《村史留痕》《枣缘社会》《乡村记忆》三本书。三本书由闵庆文老师作序，以《甘瓜抱苦蒂，美枣生荆棘》为题，于2018年6月26日发表在《人民日报》上。这三本书现已由同济大学出版社出版，面向全国发行。

（二）有序推进发展工作

对农业文化遗产的保护是我们的手段，发展才是我们的目标。没有发展的保护，必然是一种不可持续的保护。发展是解决保护过程中一切问题的金钥匙，发展才是硬道理。

1. 协同全域旅游搞发展

佳县是陕西全域旅游示范县，每年省市为发展旅游给予一定的资金支持。遗产地借着全域旅游发展机遇，全力推进遗产地的发展工作。

（1）红枣科技示范观光园建设。园区占地1 365亩，其中黄河滩地900亩，石坬地465亩。园区内现有古枣林117亩，初果枣林389亩，设施枣林10亩，采摘园40亩，生态防护林20亩。2018年完成石坬绿化465亩，园内观光路1.5千米，引进优良红枣品种48个，当年嫁接当年挂果，初步完成了“走进泥河沟，吃遍天下枣”的

构想，总投资160万元。

（2）新建沿黄观光路驿站一处，项目占地6亩，市政府投资280万元，现已投入使用。

（3）建观景台两处。在青狮山、银象山各建观景台一处，项目占地4亩，政府投资200万元，现已建成完工。

（4）建成农家乐7处，在遗产保护重点村泥河沟、木头峪、荷叶坪等村建农家乐7处，可增加接待游客6万人次，增加收入200万元左右。

（5）新建遗产地特产展销门店10处，分别为泥河沟2处、木头峪2处、荷叶坪1处、南河底2处、县城3处。

（6）新建大型酒店一处，通过政府引资，新建兰花花星级酒店，酒店地处黄河岸边，道教圣地白云山下，占地30亩，总投资超1亿元，现已开始营业。

2. 助力脱贫攻坚促发展

通过两年扶贫攻坚工作，泥河沟村已由全县有名的贫困村，于2018年年底整村脱贫，是佳县唯一整村脱贫的先进村，受到榆林市政府的表彰。

3. 举办大型节目宣传活动展示发展

（1）2018年6月14 ~ 17日举办了佳县首届枣花节与全球重要农业文化遗产保护大讲堂活动，活动期间邀请以孙庆忠教授为代表的10多位国内知名专家学者，就遗产地的保护与产业的发展进行了广泛深入的研讨，为佳县遗产地保护与发展提供了很好的意见。

（2）9月23 ~ 25日，举办了首届中国农民丰收节庆祝活动。

（3）9月27 ~ 30日，举办了首届红枣采摘和红枣产业发展论坛活动。

（4）参加了在全国农业展览馆举办的中国重要农业文化遗产主题展。

2018年福建福州茉莉花与茶文化系统保护发展工作报告

福州市农业农村局

一、基本情况

福州以茉莉花为市花，是世界茉莉花茶发源地，福州茉莉花茶从中华人民共和国成立至今一直是国家的外事礼茶。福州茉莉花茶品牌一年上一个台阶：2011年，国际茶叶委员会授予福州“世界茉莉花茶发源地”称号；2012年，国际茶叶委员会授予福州茉莉花茶“世界名茶”称号；2013年，福州茉莉花与茶文化系统被农业部列为中国重要农业文化遗产；2014年4月29日，福州茉莉花与茶文化系统被FAO列为全球重要农业文化遗产；2014年，福州茉莉花茶窨制工艺被文化部列为国家级非物质文化遗产代表性项目名录。

福州茉莉花茶窨制工艺发端于宋朝，中医对茶保健作用和香气的研究，诞生了数十种花香茶，茉莉花茶就是重要的其中之一。福州茉莉花茶窨制工艺成熟于明朝，明朝朱权《茶谱》：“今人以果品为换茶，莫若梅、桂、茉莉三花最佳。可将蓓蕾数枚投于瓯内罨之。少顷，其花自开。瓯未至唇，香气盈鼻矣。”清朝咸丰年间（1851年），福州人才辈出，在国家特别是海军和对外交往中占据重要地位，同时慈禧太后对茉莉花有偏爱，规定旁人均不可簪茉莉花，福州茉莉花茶于是作为贡茶。由于慈禧太后在接见外国使节和赏赐中经常采用它，于是在京津的上层官员和外国人中引发了福州茉莉花茶热，茶客纷至沓来，成为著名的“中国春天的味道”。

二、保护与发展主要措施

（一）大力扶持茉莉花基地建设

2009年开始，福州市农业局对新植茉莉花基地进行补贴，2009年补贴300元/亩，2010年补贴500元/亩，2011年补贴800元/亩，2012年补贴1 000元/亩，2015年已上升至2 500元/亩，每年新增茉莉花种植面积近千亩。以茉莉花基地建设为主导，推动产业发展，促进一二三产业融合。

（二）打造福州茉莉花茶品牌

为了持续扩大福州茉莉花茶的影响力，提升福州茉莉花茶品牌价值，福州市农业农村局以福州海峡茶业交流协会为载体，开展了一系列的活动。

1. 展览展销

组织福州茉莉花茶企业60余家/次抱团参展，宣传推广福州茉莉花茶，主打全

球重要农业文化遗产——福州茉莉花与茶文化这一主题，足迹遍及贵州、北京、济南、宁夏等20余个城市和地区。

2. 交流学习

积极参与各类交流学习，提升福州茉莉花茶产业。2018年度组织企业和有关单位，前往广西、杭州、昆明等地考察学习当地的花、茶产业；派遣有关负责人前往内蒙古敖汉、浙江青田等地以及韩国、日本等国学习农业文化遗产保护与发展的经验。

3. 职工技能竞赛

与福州市总工会联合主办茶行业职工技能竞赛，竞赛项目包括茶艺表演、花茶制作技艺、茶叶包装等，提升了福州茉莉花茶品牌知名度和茶行业的凝聚力。

4. 花茶文化节

定期举办福州茉莉花开采节和茶叶开春采等文化节庆活动。

（三）促进非物质文化遗产传承

福州茉莉花茶传统窨制工艺于2014年12月被国家列为全国第四批非物质文化遗产，是全球重要农业文化遗产福州茉莉花与茶文化系统的重要组成部分。福州农业农村局大力支持福州海峡茶业交流协会每年开展福州茉莉花茶茶王赛，每两年举行福州茉莉花茶传统窨制工艺传承人、传承大师赛。2018年度共评选出茶王6个、金奖12个；评选出福州茉莉花茶传统窨制工艺传承大师3位、传承人7位。有福州市级非物质文化遗产传承人7位，省级非物质文化遗产传承人3位，国家非物质文化遗产传承人2位。在文化遗产的传承与保护中，“主动引导”逐渐向“自发参与”转变。

（四）挖掘并展示福州茉莉花茶文化

在2015年出版的《茉莉韵》和全球重要农业文化遗产系列读本《福建福州茉莉花与茶文化系统》两本专题著作基础上，积极参与筹备《福州茶志》编纂工作。

2018年福州市以福州茉莉花茶为主题的文化展示馆建成多处，具有代表性的是仓山区春伦的茉莉花茶文创园、旗山温泉山庄绿茗茶业的福州茉莉花传统工艺展示馆和金鸡山公园福州茶厂的福州茉莉花茶主题馆。2018年度旅游观光人次突破45万。

（五）紧抓茶叶品质提升工程

2015年3月，全国茶叶标准化技术委员会花茶工作组在福州成立，花茶国家标准的制定和修订将主要由福州市承担。以全国茶叶标准化技术委员会花茶工作、茉莉花茶标准的制定为契机，以福州茉莉花茶茶王赛为引导，以福州茉莉花茶金字招牌管理使用规范为依据，在绿色食品、有机农业的标准基础之上，努力提升福州茉莉花茶品质，实现福州茉莉花茶精品工程。

（六）加强《福州市茉莉花茶保护规定》执行力度

《福州市茉莉花茶保护规定》已于2014年8月1日实施，福州市农业农村局严格执行其有关要求，积极发展福州茉莉花茶产业，传承保护农业文化遗产。截至目前已完成福州茉莉花茶保护专项规划编制和《福州茉莉花茶保护实施细则》，对茉莉花种植保护基地划定及实行分级保护，茉莉花种质资源圃和创新基地项目已立项开展。基地保护、品牌推广、质量安全等其他各类工作在福州市农业农村局及福州海峡茶业交流协会常务工作上有序开展。

（七）建立健全福州茉莉花与茶文化系统信息监测体系

福州市农业农村局与福建师范大学地理研究所合作进行监测工作具体事宜。目前在全市范围共设立9个监测点，系统信息监测报告及监测信息填报常态化。

三、保护与发展成效

（一）品牌价值进一步提升

茉莉花主要用于窨制茉莉花茶。2008—2009年，国家工商行政管理总局商标局、国家质量监督检验检疫总局、农业部先后对福州茉莉花茶实施地理标志保护。

“2018中国茶叶区域公用品牌价值评估”中福州茉莉花茶品牌价值达31.75亿元，居全国茶叶类区域公用品牌价值十强。在地理标志类产品品牌价值评估中，福州茉莉花茶品牌价值达到159.1亿元，居全国第26位。

福州茉莉花茶作为福州市特色优势产业，其品牌建设在推动地方农业经济发展、农业增效和农民增收等方面发挥着重大作用。

（二）企业实力提升，行业稳步发展

截至2018年年底，福州茶叶生产面积16.4万亩，产量3.1万吨。其中福州茉莉花茶产量7 823吨，产值23.93亿元。

2018年福州茶业企业齐心协力，众志成城，持续提升茉莉花茶品牌影响力。福建春伦茶业的茉莉花茶系列被选定为金砖国家领导人厦门会晤指定产品，借力国际政治舞台开展品牌宣传；闽榕茶业荣膺中国首批可溯源绿色食品试点企业；福州茶厂国宾礼茶荣获北京国际茶叶展特别金奖、闽茶杯状元奖；福建福满香茶业斩获第六届北京国际斗茶文化节鸟巢茶王赛特别金奖；福州福民茶叶有限公司喜获2017年茶叶行业百强企业称号；福建东来茶业有限公司、静茶（福建）茶业有限公司获福建省著名商标称号；福州文武雪峰农场的雪峰茶叶获有机认证等。

截至目前，福州茉莉花茶企业中，有国家重点龙头企业2家，中国驰名商标2个，中国茶叶百强企业6家，院士工作站2家，省级农业产业化龙头企业5家。

（三）产品质量安全监管有保障，农业文化遗产监测常态化

为进一步做好农产品质量安全监管工作，推动农产品质量安全可追溯体系建设，福州市农业农村局进一步完善农产品质量安全可追溯信息平台。督促落实生产主体备案制度、生产记录诚信档案制度。为完善可追溯体系建设，进一步实现食品安全“一品一码”全过程追溯，对从源头保障农产品质量安全起到了积极的推动作用。

为进一步保障产品质量，由福州市农业农村局承担，委托福建师范大学地理科学学院王维奇副教授，完成农业文化遗产监测项目《福州茉莉花与茶文化系统全球重要农业文化遗产监测》。项目的完成实现了福州茉莉花与茶文化系统全球重要农业文化遗产监测的常态化。

（四）历史文化底蕴积淀丰富，宣传氛围较好

茉莉原产于西方，2 000多年前，通过印度传入福州，西方的茉莉与东方的茶在福州这一海上丝绸之路的起点结合，成为代表东方气韵的茉莉花茶。茉莉花是中国的象征元素之一，有着强大的国际影响力。在首届全国青年运动会、海丝电影节等重大活动中，茉莉花均作为福州宣传的重要元素，大大提升了福州的国内外形象。

中央电视台军事·农业频道、纪录频道近年来均拍摄播出福州茉莉花茶专题纪录片。由福州市农业农村局及福州海峡茶业交流协会牵头，由中国农业出版社出版的《福州茉莉花与茶文化系统》于2017年7月首发，该书有利于促进“福州茉莉花与茶文化系统”的保护和发展。

三、存在的问题

（一）茉莉花茶文化产业园选址未定

福州茉莉花茶加工企业基本集中在仓山区等城郊，因城市扩大，许多企业正在或面临拆迁，急需建设一个层次高、规模大、功能多、规划布局合理、生态条件良好的福州茉莉花茶文化产业园。

（二）种植面积较小，部分基地缺乏保护配套

茉莉花喜阳、忌霜冻，最适宜种植区为闽江边沙洲地，20世纪80年代，福州茉莉花面积最大时近10万亩，90年代中后期，由于城市建设发展引起仓山、闽侯等近郊地区大量茉莉花种植土地被征用，原有的茉莉花种植基地大部分都已消失。2009年以来，福州市对新植茉莉花进行补贴，从300元/亩逐渐上涨到2 500元/亩，每年新植茉莉花约500亩。2014年8月1日，福州市人大颁布的《福州市茉莉花茶保护规定》正式实施，福州市对茉莉花实行分级保护。2014年12月，《福州市人民政府关于划定福州茉莉花种植分级保护基地的批复》（榕政综〔2014〕327号）确认首批福州茉莉花种植分级保护基地划定范围合计973亩。

另外，仓山帝封江茉莉花基地是福州茉莉花种植一级保护基地，征收公告前由闽榕茶业有限公司承包经营管理，该基地是该公司与中国科学院蒋有绪院士合作开展都市现代农业研究的基地，并于2014年被评为福建省农业标准化示范基地。在2017年，在市政府发布征收后，由于前期无专业修剪管护，开花季节没有组织及时采摘而导致大量茉莉鲜花烂在地里，茉莉花苗逐步枯萎，保护状况不容乐观。

（三）农业文化遗产挖掘尚浅，福州茉莉花茶的历史文化底蕴未能得到深度挖掘

福州是世界历史上最大的茶港，茶是西方人认识东方的桥梁，马尾罗星塔被称为“中国塔”，因为茶叶，福州成为世界的航标。茉莉花茶至今仍是中国独有的茶叶品种。福州茉莉花茶产业的发展对于世界航海史乃至中国近现代史、世界近现代史的重要影响还未得到充分理解和有效传播。福州茉莉花与茶文化系统是全世界首个大城市

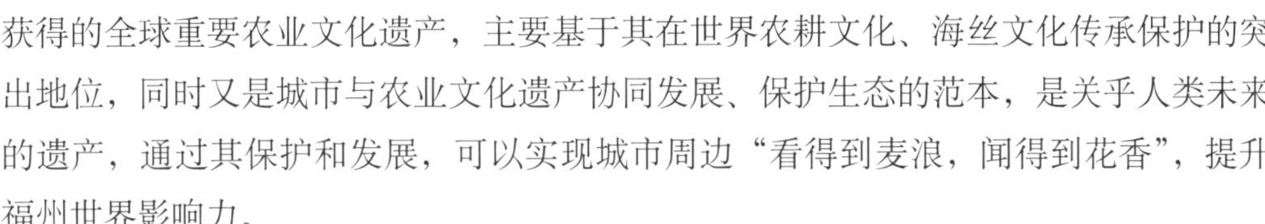

获得的全球重要农业文化遗产，主要基于其在世界农耕文化、海丝文化传承保护的突出地位，同时又是城市与农业文化遗产协同发展、保护生态的范本，是关乎人类未来的遗产，通过其保护和发展，可以实现城市周边“看得到麦浪，闻得到花香”，提升福州世界影响力。

（四）产品创新及产业链条有待延伸

茉莉是许多香水的关键配料，福州是中国茉莉花茶和茉莉花膏的中心，在世界茉莉产业中曾经占有一席之地。茉莉花是世界著名的气质型花，是中医中解抑郁、治疗妇女产后疾病的良药，茉莉花精油是世界最难提取的香料。目前国内对茉莉花香气的利用仅仅停留在制茶方面，在精油、制药等领域研究有限，产业链没有得到有效延伸。

2018年江苏兴化垛田传统农业系统保护发展工作报告

江苏省兴化市农业农村局

2018年，认真贯彻落实中央1号文件提出的传承发展提升农村优秀传统文化的要求，切实强化垛田传统农业系统这一全球重要农业文化遗产的保护，进一步挖掘遗产价值，讲好垛田故事，培优产品品牌，助力乡村振兴。

一、主要工作

（一）讲好垛田故事，扩大遗产影响

在做好道旗、广告牌等宣传的同时，突出大型活动的举办，讲好垛田故事，扩大遗产影响力。

2018年3月26日，以“相约千垛花海，共享全域旅游”为主题的2018中国·兴化千垛菜花旅游节开幕。节庆期间，兴化市共接待游客242万人次，同比增长12.6%，实现旅游总收入18.2亿元，同比增长16.7%，促进了“乡村游”的发展，培植了一批“农业+旅游”的新亮点，拉动了餐饮住宿业、金融业、娱乐业、交通运输业等相关产业，《中国日报》、人民网、新华社等几十家媒体对旅游节进行了报道。成功举办第二届中国·兴化花海森林半程马拉松，组织开展了以彰显里下河民俗风情为特色的节庆活动，如传统民俗表演、“兴化记忆”非遗项目展示、里下河民歌大会等活动，展示了兴化本土民俗文化的魅力。4月22日，中央电视台军事·农业频道《乡村大世界》摄制组走进兴化，以综艺节目的形式全方位展示宣传兴化特色农产品和民俗民事。

7月28日，由FAO驻华代表处、中国科学院地理科学与资源研究所、中国农产品市场协会、江苏省兴化市人民政府和中国农业电影电视中心（CCTV-7农业节目）联合主办的《垛田故事——全球重要农业文化遗产（兴化）特色农产品分享会》在CCTV-7农业节目演播大厅成功举办。分享会通过著名主持人敬一丹、知名媒体人曹景行等名家名人对垛田故事的分享，并结合兴化民间文艺、特色美食的展示，向全世界推介兴化特色农产品及垛田传统农耕文化。

9月23日，作为全国首届中国农民丰收节102个系列活动之一、江苏省“1+2+N”活动体系中“2”个重要活动之一的垛田丰颂——江苏泰州·兴化碧水东罗农民丰收节成功举办。活动依托独特的农耕文化，发挥丰富多彩的水乡特色资源，坚持文化搭台、农民唱戏、为农民唱戏，以政府、社会资本和村集体多方合作实践的乡村振兴“江苏样本”的东罗村为舞台背景，通过各类节目的编排，充分彰显兴化水的特色、深厚的文化底蕴以及生态之美，展示兴化市在推进里下河生态经济示范区建设进程中的农村新风貌、农业新丰景、农民新形象，营造农民庆丰收的喜庆氛围。

（二）注重规划修编，强化保护监督

为促进遗产的科学保护，委托中国科学院地理科学与资源研究所编制了《江苏兴化垛田传统农业系统保护与发展规划（2018—2025）》，于2018年7月25日通过由

李文华院士任组长的专家组验收，并将规划文本印发到相关部门，形成全社会保护共识，垛田保护得到社会各界的高度关注。每年垛田保护成为市人大代表、政协委员关注的重点，通过建议、提案呼吁加强垛田的保护。2018年12月，兴化市人大组织赴浙江湖州开展农业文化遗产保护与发展工作的考察，形成市第十六届人大常委会第五次主任会议纪要，要求倍加珍惜，心怀敬畏，保护、传承、发展好这份遗产。同时，兴化市人大加大代表建议办理和纪要落实情况的督查，在全社会形成"关注垛田、保护遗产"的共识。

（三）开展监测评估，挖掘遗产价值

2019年4月15～18日，FAO全球重要农业文化遗产项目专家终期评估组到兴化实地考察兴化垛田传统农业系统，对我国开展南南合作信托基金一期GIAHS项目进行终期评估。4月15～16日，评估组专家实地考察了千垛镇东旺村及水上森林两处独特的垛田传统农业系统，FAO专家德夫·查尔斯给予了高度肯定，认为兴化垛田传统农业系统非常有价值，对中国以及全球其他地方的传统农业系统的发展具有很好的典范作用。为权威、准确地评估"兴化垛田传统农业系统"的遗产价值，委托中国科学院地理科学与资源研究所对兴化垛田传统农业系统的经济、生态与文化价值进行科学研究，并形成了《兴化垛田传统农业系统综合价值评估研究报告》，其综合价值约为687亿元，其中，载体价值约363亿元，服务价值约324亿元。该价值研究成果不仅对兴化垛田保护和发展具有重要参考价值，更对全球其他重要农业文化遗产地具有重要示范作用。

二、取得的成效

2018年，通过"讲垛田故事，培特色品牌"，实现了遗产地农业增效、农民增收。

1. 扩大市场份额

通过“垛田故事——全球重要农业文化遗产（兴化）特色农产品分享会”的成功举办，宣传兴化农耕文化，推介兴化特色农产品，扩大了兴化大米、兴化龙香芋、兴化小龙虾、兴化大闸蟹等特色农产品在北京市场的影响力。兴化大米荣获2018中国十大大米区域公用品牌，兴化龙香芋获第十九届中国绿色食品博览会金奖，实现了品牌富民，奠定了遗产保护的产业基础。

2. 培育休闲品牌

围绕“种风景、卖风景、富农民”，将垛田地区万垛耸立、千河纵横的独特地貌与传统的耕种相结合，打造了以缸顾乡东罗村为代表的特色田园乡村和田园综合体，千垛菜花成为全球最美的油菜花海之一，入选美国有线电视新闻网“2018年全球最佳旅游目的地”，兴化碧水东罗农民丰收节被首届中国农民丰收节组织指导委员会列为100个乡村文化活动，兴化市千垛风景区被列为全国100个休闲农业和乡村旅游精品景点线路。

3. 促进融合发展

通过放大遗产效应，促进了兴化一二三产业融合发展，丰富了兴化特色农产品品牌的文化内涵，增强了市场竞争力，尤其是千垛景区从单纯的油菜种植、收获菜籽，发展到加工、旅游，成为一二三产业融合发展的典范，兴化市被农业农村部列入2018年全国农村一二三产业融合发展先导区创建名单，成为江苏省唯一的省级农业对外开放合作试验区。

2018年甘肃迭部扎尕那农林牧复合系统保护发展工作报告

甘肃省迭部县农业农村局

一、基本情况

扎尕那位于甘肃省迭部县境内，藏语为“石匣子”的意思，地处青藏高原、黄土高原和成都盆地三大地形的交汇区，是藏汉文化和农牧文化的过渡带，距迭部县城28千米，地形很像一座规模宏大的巨型宫殿，又像在天然岩壁上构筑的完整古城。境内森林草原广袤、高山峡谷相依、溪流清泉遍布、藏寨寺院共生、古冰川遗址独特秀美，是一个以原生态自然风光和淳朴民俗风情为特点的藏族村寨。全村共有4个村民小组216户1 573人，农、林、牧复合发展。2013年，农业部确定甘肃迭

部扎尕那农林牧复合系统为第一批中国重要农业文化遗产；2018年4月19日，甘肃迭部扎尕那农林牧复合系统在FAO总部意大利罗马正式授牌进入全球重要农业文化遗产保护名录。

二、主要工作

（一）夯实基础，确保科学保护和合理利用

甘肃迭部扎尕那农林牧复合系统成功申报为全球重要农业文化遗产以来，为保护和利用好这一全球重要农业文化遗产，在中国科学院地理科学与资源研究所的指导下，结合在申报过程中FAO全球重要农业文化遗产科学咨询小组专家就扎尕那农林牧复合系统的传承、保护与发展工作提出的意见和建议，对《扎尕那农林牧复合系统保护与发展规划》和《扎尕那农林牧复合系统保护管理办法》进行了进一步完善和修改，同时，迭部县在农业生态保护、农业文化保护、农业景观保护、生态产品开发、休闲农业发展等方面制定了详细的保护与发展规划和具体的管理办法。传承与保护遗产地，农民是关键，将《扎尕那农林牧复合系统保护管理办法》中的部分条款充实到了扎尕那村的村规民约中，对扎尕那农林牧复合系统的传承和保护起到了很重要的保护作用。随着扎尕那农林牧复合系统知名度的提高，越来越多的国内外游客慕名而来，旅游业得到了较快发展。目前，扎尕那农林牧复合系统核心区

已发展旅游产业的农家乐有130多家，旅游业已成为当地群众新的经济增长点，越来越多的扎尕那人也切实感受到了扎尕那农林牧复合系统的价值，从而激励了他们的保护意识。2019年迭部县政府投资60万元修建了全球重要农业文化遗产——扎尕那农林牧复合系统标识石碑，在民宅、古冰川遗迹、农耕地、草地和林地上竖立了保护标识碑，明确了保护范围和保护内容。

（二）大力宣传，提高系统知名度

自农业文化遗产保护工作开展以来，迭部县政府始终把通过宣传教育来增强全民保护意识作为工作的重要内容之一。

（1）以重大节庆宣传活动为载体，开展对农业文化遗产保护的宣传。2018年9月23日，迭部扎尕那农林牧复合系统藏族传统编织技艺在全国农业展览馆参加了首届中国农民丰收节庆祝活动。2018年11月23日，迭部扎尕那农林牧复合系统在全国农业展览馆参加了中国重要农业文化遗产主题展。

（2）通过举办展览、开展专题演出等形式，让社会各界充分了解农业文化遗产。

（3）充分利用大众传播媒介对农业文化遗产及其保护工作加强宣传和展示，增强全民保护意识，达成社会共识。2018年出版了甘肃迭部扎尕那农林牧复合系统读本，在《农民日报》《世界遗产》《中国投资》等报刊上宣传报道了扎尕那农林牧复合系统。

（4）通过新闻媒体记者到迭部县采访报道扎尕那农林牧复合系统，先后有中央电视台、甘肃省广播电视台、甘南藏族自治州电视台、《甘肃日报》、《甘南日报》的记者进行了采访报道。

（5）积极参加国际交流活动，学习各遗产地对农业文化遗产的开发与保护经验。2018年4月17～21日参加在意大利罗马FAO总部举办的第五届全球重要农业文化遗产国际论坛，参加授牌仪式并获颁证书，在FAO总部展示了迭部特色土特产品。8月26～30日，扎尕那农林牧复合系统代表团参加在日本和歌山县南部町（GIAHS-和歌山青梅种植系统）举办的第五届东亚地区农业文化遗产国际论坛（ERAHS），这是扎尕那农林牧复合系统获颁遗产地证书后，首次参与国际性交流活动，活动期间展示了迭部县特色土特产品，给各国参会代表、专家详细介绍了甘肃迭部扎尕那农林牧复合系统。2018年11月15～16日，前往西班牙马拉加考察西班牙全球重要农业文化遗产——马拉加葡萄干生产系统；11月16～19日，前往葡萄牙学习考察巴罗佐农林牧复合系统、Salreu水稻生产系统、葡萄牙雪山牧业与奶酪生产系统和文化遗产博物馆；11月20日，在里斯本参加葡萄牙国家GIAHS活动，在学习考察期间与遗产地市长、农业遗产管理部门、农业合作社相关人员进行了交流。2019年5月19～23日，在韩国河东郡参加第六届东亚地区农业文化遗产国际论坛。

通过宣传报道参加国际交流活动，极大提高了扎尕那农林牧复合系统的知名度和社会影响力。

（三）深化理论研究，促进保护与发展

为合理保护和有效利用甘肃迭部扎尕那农林牧复合系统这一珍贵的农业文化遗产，中国科学院地理科学与资源研究所从生态文明建设、生态旅游发展、农业文化遗产保护以及冰川地质考察等多个方面提供了技术支持，为扎尕那农林牧复合系统的可持续发展奠定了科学基础。另外，组织开展保护与发展研讨会，自2009年起，由中国生态学会、甘南藏族自治州委州人民政府发起的迭部腊子口生态文明论坛已成功举办8届，先后有来自全国各地的60多位院士专家，就扎尕那农林牧复合系统农业文化遗产的保护与发展集聚智慧和力量，为扎尕那农林牧复合系统的保护与发展提供了坚实的理论指导。

（四）加强基础设施建设，改善人居环境

1.基础设施得到改善

2017年迭部县政府将扎尕那村列入生态文明示范村建设，2018年投资6 029.27万元在核心保护区扎尕那村委的四个自然村进行了路改、水改、厕改、游步道、观景台、民俗改造、污水处理等建设，人居环境得到明显改善。

2.卫生设施得到改善

结合甘南藏族自治州环境综合整治活动，在遗产地的四个自然村建立了垃圾处理设施，在村寨路口、田边、道路边、游客服务中心、游步道上放置了垃圾桶，并配备了垃圾收集车，每天往返村寨回收垃圾，使遗产地的农村环境卫生得到明显改善。

3.遗产地基础设施和旅游服务设施明显改善

2017年9月，投资2.16亿元的扎尕那景区道路开工修建，2019年5月底完工；2018年投资29万元的扎尕那景区1万伏及以下电网工程修建完成；投资4.2万元的通信光缆线路改造完成。通过加大投资扎尕那旅游服务设施得到明显改善。

三、取得的成效

（1）将《扎尕那农林牧复合系统保护管理规划》纳入迭部县国民经济发展“十三五”规划，将农业文化遗产保护与生态循环农业发展、美丽乡村建设、精准扶贫、休闲农业与旅游发展等进行了有机融合，提出总体发展战略与具体实施路径。

（2）出台了管理办法，将部分条款充实到了扎尕那村的村规民约中，对扎尕那农林牧复合系统的传承和保护起到了重要的保护作用。

（3）通过宣传报道，提高了扎尕那农林牧复合系统的知名度，促进了遗产地旅游业的发展，增加了群众的收入。

（4）遗产地基础设施得到建设，人居环境得到极大改善。

（5）挖掘整理了传统农耕生活用具、民间传统文化和艺术，为重要农业文化遗产的传承发挥了积极作用，丰富了扎尕那农林牧复合系统的内涵。

（6）将扎尕那农林牧复合系统保护管理经费纳入了财政预算，确保了保护与管理工作正常开展。

四、存在的问题和困难

1. 缺乏经费支持

扎尕那农林牧复合系统的保护、研究、开发等工作需要大量经费，县级财政提供的经费十分有限，这成为制约迭部县农业文化遗产挖掘保护工作的最大问题。

2. 缺乏专门机构及专业人才

重要农业文化遗产既是一个地方历史文化渊源的见证，也是体现地方文化特色的重要形式，内容丰富，涵盖面广，开发保护工作量大，需要有专门的工作机构来负责。迭部县虽然已申报成立扎尕那农林牧复合系统管理办公室，但至今还未批复，仅靠农业部门兼管，缺乏力度，使得传承、保护和申报、利用工作进展缓慢。

3. 缺乏深刻认识

重要农业文化遗产是一个新概念，人们对重要农业文化遗产不了解、不认识、不重视，保护意识淡薄。

4. 缺乏规范的传承体系

重要农业文化遗产的保护只有保住某一种传统的耕作生活方式，才能保住在其基础上产生可持续的生态农业以及各种文化习俗。由于社会经济现代化进程的加快，重要农业文化遗产的生存环境受到极大的威胁。随着人们生活方式以及世界观、人生观和价值观的嬗变，加之受国外文化的影响等，尤其是年轻一代越来越远离中华民族传统文化，部分青年生活在网络的环境中，丧失了对中华民族传统文化的关注和热爱。目前，农业文化遗产缺乏传承。

2018年山东夏津黄河故道古桑树群系统管理与保护发展工作报告

山东省夏津县农业农村局

2018年4月19日，在FAO主办的第五届全球重要农业文化遗产国际论坛上，夏津黄河故道古桑树群被成功授牌为全球重要农业文化遗产。一年来，夏津县的农业文化遗产保护工作在农业农村部、省农业农村厅领导和各位专家的支持和指导下，坚持“在传承中保护、在保护中发展”的理念，依托生态资源优势，大力发展休闲农业，不断推进保护区发展，实现了夏津县古桑树群的可持续发展。

一、基本情况

夏津县位于山东省西北部，因“齐晋会盟之要津”而得名，距今已有2 200多年的历史。自公元前602年始，黄河主流流经夏津600多年，期间出现两次决口泛滥，改道后留下30万亩漫漫沙丘地。千百年来，夏津人民不断植树造林、防风固沙，选择桑树中抗干旱、耐瘠薄的果桑品种广泛种植，形成了夏津独有的、以古桑树为主的12.8万亩黄河故道原生态森林资源，被国家林草局评为国家级森林公园。山东夏津黄河故道古桑树群，占地33 450亩，百年以上古树2万多株，500年以上的2 000

株，是中国现存树龄最高、规模最大的古桑树群，开创了以桑治沙的可持续农业发展模式，成为兼顾生态治理和经济发展的沙地农业系统的重要典范。

经过多年的保护和发展，2014年5月29日，山东夏津黄河故道古桑树群被农业部评定为中国重要农业文化遗产。2018年4月19日，成功入选全球重要农业文化遗产，为山东省唯一一家。依托古桑树逐渐发展起来的黄河故道森林公园是国家4A级旅游景区、国际生态安全旅游示范基地、国家级水利风景区、全国休闲农业与乡村旅游示范点，并入选了“黄河文明”国家旅游线路。

二、古桑树群管理与保护情况

（一）创新模式，科学管护

夏津县成立了由县长任组长、常务副县长任副组长，各相关单位为成员的“山东夏津黄河故道古桑树群全球重要农业文化遗产”保护工作领导小组，出台了实施意见和《古桑树群农业系统保护与发展规划》。为充分保护独有的古桑树资源，夏津县按照“政府主导、群众参与”的模式，实现了古树保护工作的“责任明确、收益明晰”。制定了《古树名木保护管理制度》，政府邀请科研单位专家、教授实地勘察古树健康状况，进一步建立完善《古树档案》，并与农户签订管护责任书，给农户发放古树补助，实现了政府和老百姓在维护、管理古桑树群工作中的同心协力和同频共振。

（二）顶层设计，深化保护

为了进一步传承和保护古桑资源，我们积极向行业顶尖学者请教，先后召开了

山东夏津黄河故道古桑树群农业文化遗产保护与发展研讨会、夏津桑产业发展高层论坛，各位参会的专家、学者对古桑树群的保护、开发、利用、发展进行顶层设计。与西南大学合作建立了夏津桑产业应用技术研究院，在技术创新、产品研发等方面加强合作，携手推进桑产业保护与发展。先后承办了全球农业文化遗产中国交流会、FAO“南南合作”框架下全球重要农业文化遗产高级别培训班及第三届中国果桑大会等一系列高级别会务活动，国内乃至国际影响力不断提升。

2019年6月4～6日，夏津县举办了以全球重要农业文化遗产保护与发展促进乡村振兴研讨会。FAO代表诺莉亚·桑·格利欧、世界农业遗产基金会主席帕尔维兹·库哈弗坎，以及来自日本、韩国等国内外农业文化遗产领域的专家、学者及农业文化遗产地的管理人员和媒体记者等近180人参与研讨会。会议围绕“农业文化遗产的保护发展与乡村振兴”“农业文化遗产促进休闲农业发展”“桑蚕文明、丝绸之路与荒漠化治理”等议题进行研讨，积极探索遗产保护、乡村振兴、生态旅游和桑文化产业融合发展的新路径。

（三）生态防控，强化管理

根据古桑树群特点，推广古桑树群种植管理技术，加强对古桑树的保护，保证了古桑树年年树势旺盛。主要推广应用绿色施肥技术（穴土施肥和土坯围树）、物理防治病虫害（涂油渣和捆绑薄膜）、古树管理（枝条修剪、树体保护、压枝、施肥断根）、桑果采收“抻包晃枝”等技术。

不断加强古桑树群病虫害监测能力，在森林公园安装病虫害远程监测系统。同时在黄河故道森林公园内建立绿色防控示范区，有针对性地制定了防治计划，坚持由传统化学防治向物理、生物防治逐步转变的原则，购置高压喷雾机械、杀虫灯、生物药剂，指导督促果农进行防治。全年释放周氏啮小蜂1.2亿头，天牛天敌花绒寄甲成虫5 000头、卵20 000枚。不断开展绿色防控技术培训，宣传美国白蛾等林业

害虫的危害性及防控知识，使广大群众认识绿色防控的重要性，掌握防控技术，做到会认、会查、会治。

（四）开展普查，加强监测

根据农业农村部GIAHS动态监测系统工作要求，夏津县组织开展了全球重要农业文化遗产动态监测工作，安排专门技术人员，深入前屯、西闫庙、后屯、左堤等村，进行调查、收集2018年保护区内的农业生物资源、新型农业经营主体经营、文化传承、技术应用等相关数据资料，并对搜集数据进行了汇总上报，从而对古桑树群采取的保护与发展措施及其对遗产系统产生的各种影响实现了定期监测，更好地保护发展。

（五）创建品牌，加大开发

立足资源优势，注册了夏津椹果地理标志证明商标，同时申报了“夏津椹果”农产品地理标志。借助西南大学、山东农业大学等高校的科研优势，深入探索桑树资源开发，研发生产桑果酒、桑椹干、桑叶茶等特色保健品，同时，积极招引椹果加工企业，提升附加值。与中国中医科学院屠呦呦团队核心研究员叶祖光教授合作建设的圣源桑产业孵化基地项目加快建设，研发椹果饮品、保健品，不断拉伸夏津县桑产业链条。因生产企业的增加，出现了桑果供不应求现象，当地农户种桑积极性大大提高，桑树种植面积以每年1万亩的规模逐年扩大。为进一步提高夏津黄河故道古桑树群品牌知名度，设计了山东夏津黄河故道古桑树群重要农业文化遗产标识。2018年4月，夏津椹果成功入选山东省第三批农产品区域公用品牌，夏津县现已设计应用了“夏津椹果”独有标识。

（六）生态旅游，带动发展

坚持“保护第一、科学规划、合理开发、永续利用”的原则，顺应旅游消费的发展趋势，推进品牌战略。依托古桑资源，围绕黄河文化、桑文化、孝文化等文化底蕴，以全球农业文化遗产古桑树区为主导，打造黄河故道生态旅游区文化旅游精品，走旅游观光、生态采摘、休闲娱乐、养生度假于一体的多元化发展之路。

以古桑树群为资源主体，大力发展生态旅游，投资建设夏津黄河故道森林公园，不断完善各园区的基础设施，成功打造了“游黄河故道、品千年椹果”生态旅游品牌，每年5月份，开展“椹果生态文化采摘节”，活动期间举办系列民间艺术演出、摄影、诗歌、百台大联访活动，对来访的游客进行全方位宣传古桑文化，活动期间游客突破百万人次，餐饮收入、特色农商品销售额节节攀升。

强化宣传推介。自2008年开始，连年举办黄河故道生态文化采摘节等多种形式

的文化节庆活动，截至2019年已经是第十二届，通过中央、省市各类媒体，多层次、多方位、多形式宣传古桑树群的创新性保护和夏津生态绿色品牌。

（七）弘扬文化，深化传承

不断弘扬传统文化，深化古桑农业文明的传承。2018年9月28日，在夏津县举办了首届中国农民丰收节山东省庆祝活动，以“庆祝丰收、弘扬文化、振兴乡村”为宗旨，按照“务实、开放、共享、简约”的要求，充分利用全球重要农业文化遗产这一宝贵资源和载体，开展了一系列以遗产为核心元素的首届中国农民丰收节特色庆祝活动。自2017年开始，连续三年举办中国夏津椹果诗歌（散文）节大赛，作品来自全国各地甚至其他国家的爱好者，每年的诗歌、散文参赛作品都在1 000多件。夏津县编印出版以全球重要农业文化遗产为内容的诗集、散文刊物《大美古桑》、以民间歌曲为内容的《故道飞歌》各1 000册，在椹果采摘节期间向游客免费赠送。2018年，举办以古桑文化遗产为内容的书画展览20余次，并创作剪纸作品11米长卷，古桑剪纸服装走秀演出等各类活动30余场。在旅游开发区前屯村投资70多万元的农耕古桑文化遗产展示馆正在筹建中。

2018年南方山地稻作梯田系统——江西崇义客家梯田保护发展工作报告

江西省崇义县农业农村局

2018年4月19日，江西崇义客家梯田被正式认定为全球重要农业文化遗产，接受FAO现场授牌。站在新的更高起点，崇义坚持以全域旅游为统领，做活梯田生态保护、文态传承、业态融合三篇文章，推进乡村振兴战略实施，绽放客家梯田风采。

（一）建立完善梯田生态保护体系

坚持“保护优先、统一规划、科学管理、永续利用”的原则，分析研究崇义客家梯田文化景观的构成要素和景观、地质、环境、水文、气候、游客等方面的变化演进情况，为崇义客家梯田的保护、管理和发展提供科学依据。

1. 成立保护管理机构

参照国家级自然保护区或国家级森林公园机构建制，成立专门的客家梯田保护管理局，制定《崇义客家梯田农业文化遗产保护与发展管理办法》《崇义客家梯田农业文化遗产标志使用管理办法》等办法，按照专项规划，落实行动措施，统筹做好客家梯田的保护、传承、发展工作。

2. 建立生态补偿机制

对核心景区梯田复垦按照一定标准进行奖励，对梯田核心景区的梯田种植农户实行财政再奖补，对承包粮田而不种粮的，不给予现行的粮补款，并采取“谁种粮食谁得补”的措施鼓励其他人耕种。

3. 严格民建审批制度

实行传统民居建设审批制度，严格控制房屋层数、建筑面积、色彩格调和外观，把特色乡村建设与传统民居保护相融合，逐步恢复传统民居风貌。同时，加大资金投入力度，实施涉及水、路、电网以及住房和通信等全方位的基础设施提升，使现行建设和谐嵌入梯田生态系统，在生态原样发展的过程中植入现代元素。崇义县先后投入近3亿元启动旅游公路、旅游圩镇、游客集散中心、民俗一条街等配套服务设施建设；投入近5 000万元对梯田核心景区内6个自然村落实施了传统村落维护与修葺；投入1 500余万元修建农田水利灌溉设施，并启动高效节水改造工程，保护水资源这一梯田命脉。

（二）全面提升梯田文态弘扬传承

崇义客家梯田距今已有近千年的历史，犹如横亘在天地间的一部厚重史诗，写满了客家先民战天斗地的智慧与血汗；仿佛铺陈在青山竹海中的一幅画卷，展示着人与自然完美结合的和谐统一。

1. 保留梯耕稻作农耕文化

梯田是一种活态遗产，梯耕稻作农耕文化是其重要内容。积极引进有社会责任感的农业开发公司，进一步加强对撂荒梯田的流转和复耕，通过发展旅游和绿色有机农业，让耕者增收，让梯田增绿，使崇义客家梯田得以永久保护和永续利用。

2. 活态传承民俗文化

梯田遗产，不只是呈现于世人的“大地雕刻”，还包括隐然于斯的梯田主人们的生活、信仰、风俗、民情。一直以来，这些资料都是依靠口传心授得以传承。着重从客家文化习俗、农田生态环境、资源消耗等家底进行摸排，特别是对客家文化习俗建立完整资料库，组建客家梯田文化保护传承队伍，挖掘收集整理以舞春牛、告圣和唢呐等为主的客家民俗词曲，推动“三节龙”灯彩、舞春牛（当地民俗祭祀表演，原名春牛闹，寓意祈求来年风调雨顺、五谷丰登）列入国家级非物质文化遗产保护名录。

3.运用媒体全方位宣传传承

高品位编制梯田宣传画册、建立客家梯田博物馆等，全面展示客家梯田文化。邀请中央电视台等全国知名新闻媒体、网络记者到客家梯田采风，扩大客家梯田文化遗产的知名度，将更多的梯田元素集中呈现在全球观众面前。创建省级摄影文化基地，组织各地摄影爱好者定期、不定期到梯田拍摄梯田美景，各类民间团体协会定期、不定期举办各类摄影展，共享梯田美景。

（三）创新推进梯田业态融合发展

崇义县以客家梯田评定为全球重要农业文化遗产为契机，以全域旅游为统领，纵深推进梯田业态融合发展，引导全民参与旅游开发、共享发展红利，致力将旅游打造成县域第一大产业。

1. 做大绿色生态产业

坚持走绿色发展路线，依托梯田所在地生态环境优势，采取农民土地资源流转及劳动力入股合作方式，大力扶持开展农业招商，引进有规模实力的企业发展有机农业，提升产品附加值，提高农民种植和维护梯田的积极性。积极推动高山梯田有机大米产业发展，建立高山有机米示范基地，带动原住居民致富增收。推进攀岩登山、生态采摘、农事体验等项目实施，加大当地原生态产品（九层皮、黄元米果、高山茶、笋干、苦菜干、杨梅干、红薯等）宣传力度，将各类产品项目与梯田串联，共同推动以梯田观光为主线的生态旅游产业链发展。

2. 做精红色教育产业

充分结合上堡整训（上堡整训被军史誉为军旗不倒的地方）历史，加大当地红色文化挖掘力度，加快建立红色教育基地，着力将上堡整训旧址打造成一个集党史教育、党性教育、廉洁教育和爱国主义教育为一体的综合性红色教育基地，在绿色生态产业链条中插入“红色基因”，向游客讲述在梯田稻浪上翻滚的红色经典，做好对梯田旅游的承接，走出一条“红色培训”的精品发展新路子。

3. 做优古色休闲产业

结合梯田旅游循环公路建设，构建精品线路，精心打造“古色休闲”旅游品牌。依托景区玉庄旅游基地打造契机，修复太平天国古跑马场，挖掘整理与古跑马场有关的文化历史印记和轶事传说，增添文化底蕴。同时，加大对传统古村落的开发和保护力度，打造具有客家文化特色的民俗改造示范点，在传承古元素的过程中并入现代元素，增添梯田旅游的可玩性和可看性，让游客全方位、多角度体会客家梯田的历史文化和发展变化。

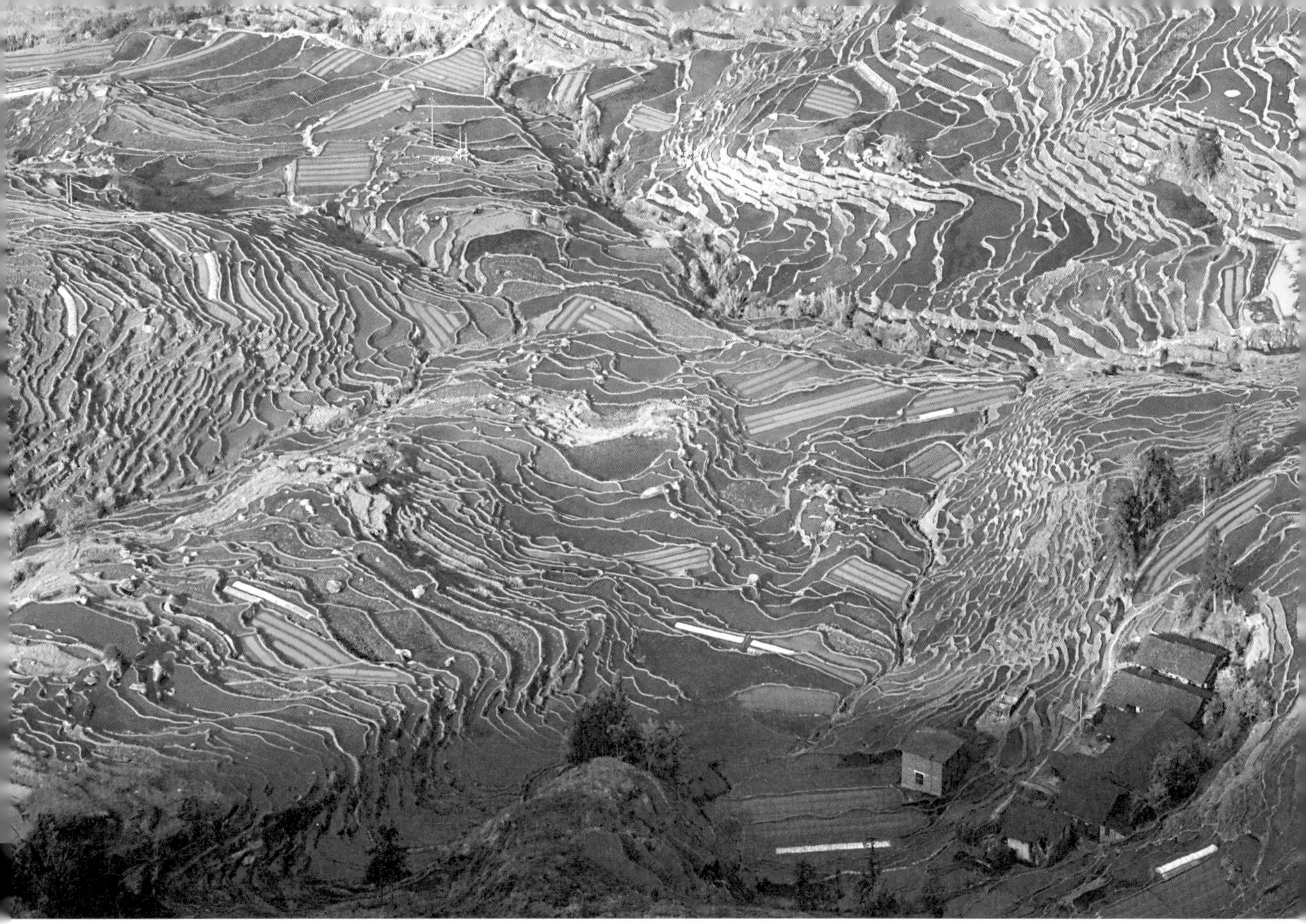

2018年南方山地稻作梯田系统——福建尤溪联合梯田保护发展工作报告

尤溪县人民政府

一、基本情况

（一）遗产所在地基本概况

福建尤溪县地处闽中山区、戴云山脉以北，全境面积3 463平方千米，人口45万，辖10镇5乡、250个村和18个社区，始建县于唐开元二十九年（741年），是南宋著名理学家、教育家朱熹的诞生地，是福建省三明市幅员最广、人口最多的县。

尤溪素有“闽中明珠”之称，是中国金柑之乡、中国绿竹之乡、中国竹子之乡、中国油茶之乡、中国革基布城、中国混纺纱名城、朱子理学文化名城，2010年被授予“千年古县”称号。2015年以来连续5年入选“中国百佳深呼吸小城”。

联合镇位于尤溪县北部，是尤溪县革命老区镇，是全国文明村镇、国家级生态乡镇，距离福银高速互通口23千米，距动车尤溪站42千米，距离三明沙县机场82千米，交通便利。全镇土地总面积159平方千米，辖12个建制村和1个社区，46个自然村，180个村民小组，总人口2.2万人。

（二）尤溪联合梯田概况

尤溪联合梯田开垦于唐开元时期，距今已有1 300多年的历史，是唯一由东南沿海汉民族创造的梯田农耕系统，具有独特的生态、经济、文化及历史价值。遗产地划定范围包括联合镇整个中高山片区8个行政村，最高海拔近900米，最低260米，垂直落差近700米，总面积10 717亩，核心区面积4 128亩。梯田规模宏大，气势磅礴，底蕴深厚，2013年5月被农业部评为首批中国重要农业文化遗产；2018年4月成功获颁全球重要农业文化遗产证书，正式成为全球第48个、中国第15个、福建省第2个全球重要农业文化遗产。

（三）保护与发展目标

充分利用全球重要农业文化遗产这块金字招牌，依托乡村振兴战略持续发力，践行“农业文化遗产+”思维，主动融入“清新福建”旅游发展格局和闽西南经济协作区，大力实施尤溪县委“我家在景区”全域旅游发展战略，围绕农业兴镇、商贸活镇、生态美镇、旅游旺镇的发展构架，壮大五大产业，提升五大工程，加快一二三产业融合发展，推动产业生态化、生态产业化，大力发展绿色农业、创意农业、休闲农业、智慧农业，打造具有联合梯田特色的田园综合体，争创国家4A级景区，书写联合镇“我家在景区，荷锄登云梯”的山水田园新生活。

二、遗产地保护情况

2018年以来，在各级领导的关心与支持下，尤溪县加快推进梯田保护与发展工作，积极策划项目，共争取上级资金约3 200万元，县财政投入梯田保护与利用资金约1 100万元，通过实施梯田维护、生态保护、基础设施、旅游开发、农耕文化等五大提升工程，持续推进尤溪联合梯田保护与利用。

（一）以一产为根本，发展绿色现代农业

1. 加大政策倾斜

将联合梯田核心区全部纳入粮食产能区增产模式攻关与推广项目补助范围，按200元/亩进行补助，并及时予以拨补，激发农民耕种的积极性；将联合梯田开垦、耕种问题列入尤溪县委农村工作领导小组会议“一事一议”研究，探索从耕地地力保护补贴中安排资金对核心区所有种粮户进行补贴；在秸秆综合利用、农作物绿色防控等项目资金安排上，也向梯田核心区倾斜。

2. 发展现代农业

依托久泰现代农业和福建良智农业，打造含农产品加工、分拣、冷链仓储中心、农业物联网等内容的联合梯田数字田园产业生态体系；同时争取省政府支持，全力打造一二三产业融合发展先导区，依托锦绣梯田，联合智慧农业、小禾休闲农业等项目主体，将联合梯田打造成产业融合发展示范区，吸引当地农民就业；大力推广微耕机、运输索道等现代农业设备，以大幅减轻农业生产和运输的劳动强度。其中，久泰现代农业完成投资6 000万元；福建良智农业在连云村安装“全球眼”探头6个、太阳能杀虫灯60盏，并在福州数字农业城市综合展厅正式联网；锦绣梯田项目累计完成投资5 000万元，力争2019年年底试营业。

3. 注重“三品”打造

引进适合联合梯田种植的优质农作物品种，推广生物及物理防治手段，进一步

选好品种、种好品质、打好品牌。引进的小禾休闲农业和福建良智农业等企业，流转耕地1 202亩，试种优质水稻新品种14个。大力推广无公害农产品、绿色食品、有机农产品，建立“源头可追溯、过程可控制、流向可追踪、责任能分清、质量有保证”的质量管理体系，全镇共申请绿标9个；通过位于福州的数字农业城市综合展厅、物联网新零售电商平台等，打通城市日益升级的消费市场，将优质农产品销往城市，同时也将消费者引向农村；逐步建立全球重要农业文化遗产、绿色食品标志、地理标志等品牌效应，形成独特的品牌优势，进一步提高农产品附加值。

4. 强化招商引资

根据村情和梯田实际，并在土地整村流转的基础上，按照政府引导、企业参与、市场化运作的思路，鼓励农民成立或加入专业合作社、家庭农场等，引进和扶持更多优质的休闲、创意、智慧、绿色农业企业，以小禾休闲农业和福建良智农业科技发展有限公司为试点，发展小型农业综合体模式，并制定合理的利益分配机制，采取“企业+合作社+农户”模式，让政府、企业、村集体和农民都能获得良好的收益，充分调动各方参与联合梯田保护的积极性。

（二）以项目为引领，持续保护遗产生态

1. 优先保障灌溉

目前，联合镇东边村正在实施总投资857万元的水土保持重点县项目。下一步，将协调水利等部门，争取总投资1 600多万元的灌溉水库项目，在黄隔、顶头溪修建小型水库2座，蓄水池达20余个，配套完善灌溉管网；争取引水灌溉项目资金300万元，修建水渠、排洪沟、截洪沟等约11千米，进一步完善梯田水利基础设施建设。

2. 完善交通条件

加快推进在建的东连旅游公路项目，申请项目资金在联合梯田核心区新建13条、16.4千米的机耕路，并对破损和未硬化的机耕路予以修复和硬化，改善联合梯田农业运输条件。同时积极争取将云山至岭头新建公路项目纳入省级农村公路网数据库，形成核心区路网闭环，并积极争取按省级农村公路标准进行补助。

3. 坚持科学减灾

针对梯田27个滑坡隐患点、3处变形路面，积极争取省级自然资源部门、中化地质矿山总局福建地质勘查院、福州大学等单位，对联合梯田重要滑坡隐患点开展

专项防治，并结合“山水林田湖草生态保护修复”，实施地质环境与地质灾害的精细化调查和地质灾害成灾机制研究，有针对性地开展整体综合防控和自动化远程监测预警等，确保联合梯田情况稳定。近期，尤溪县将依托016乡道拓宽改造建设项目，对核心区突出隐患点进行专项防治。

4. 着力修复生态

积极申请省级林分修复补助项目（每亩500元），在联合梯田核心区开展套种补植，推广阔叶林种植，优化森林和竹林结构，提升核心区森林涵养水源功能，2018年完成阔叶林种植200亩，2019年继续种植200亩；积极申报和创建福建省森林村庄，在村庄周边、林缘建设花带、彩叶带、经济林带，在村庄见缝插绿，种植银杏、桂花、枫香等植物，提高生态效益和经济效益。

（三）以制度为基石，构建保护长效机制

1. 推进整村流转

大力推进农村土地三权分置改革，在不改变家庭承包经营的基础上，鼓励农户将土地经营权（使用权）通过转包、转让、入股、合作、租赁、互换等方式转让给合作社或其他经济组织，通过“企业+合作社+农户”模式，实施规模化生产，切实减少抛荒面积。截至2019年7月，梯田核心区中的4个村正开展土地流转工作，已流转土地面积1 716.6亩。同时鼓励联合镇成立以政府为主体的种植专业合作社，实行自负盈亏，对无人耕种、无人承包的梯田进行兜底种植，确保梯田不抛荒。

2. 落实森林资源管护主体责任

按照“镇聘、站管、村监督”管护模式，将联合梯田核心区非国有生态公益林、天然商品乔木林和人工商品林，全部纳入联合镇政府集中统一管护，并由联合镇政府统筹划定管护责任区，有序选聘护林员、确定监管员，安装护林员智能巡护系统，实现森林资源保护的“网格化、智能化”管理；同时，强化依法治林，加大涉林违法犯罪打击力度，守好生态底线。

3. 推进立法保护

目前，尤溪县借鉴相关遗产地的经验做法，在不束缚联合梯田有益开发的前提下，已草拟《尤溪联合梯田保护条例》，正积极争取福建省人大常委会审议通过，让联合梯田的保护与开发有法可依。

2018年南方山地稻作梯田系统——湖南新化紫鹊界梯田保护发展工作报告

紫鹊界梯田—梅山龙宫风景名胜区管理处

在新化县委、县政府的坚强领导之下，历时5年之久的申遗工作终获认可，2018年4月19日，紫鹊界梯田由FAO授予全球重要农业文化遗产称号。这是紫鹊界梯田继首批世界灌溉工程遗产之后又一次在世界舞台大放光彩。为更好地保护与传承农耕文化，守护好全球重要农业文化遗产这块金字招牌，2018年新化县委、县政府坚持以党的十九大精神为指导，深入贯彻落实习近平总书记关于加强文化遗产保护传承的重要指示，进一步规范了农业文化遗产的管理工作，进一步促进了农民增收，进一步保护了濒危遗产，遗产地老百姓也进一步获得了幸福感和归属感。

一、主要工作

（一）完善遗产管理体制，提升遗产管理能力

2018年，紫鹊界梯田—梅山龙宫风景名胜区管理处（以下简称“管理处”）设立了专门的遗产保护管理部门，并配备了专业管理人员，由固定人员专门负责农业文化遗产的保护、发展、宣传教育以及其他各个方面的相关事宜，并积极参加农业农村部组织的各项农业文化遗产管理培训工作，学习先进的遗产管理经验，不断提高

管理水平。此外，还加强了与水车镇、文田镇、奉家镇以及两个监测点的工作联系，尤其是各农业站站长对农户及合作社在耕种等农耕技术方面不断提供技术指导，为农户解决各种疑难问题，提高了农户与合作社参与遗产保护的积极性。

（二）积极做好宣传工作，营造农业文化遗产保护氛围

2018年4月19日，紫鹊界梯田荣膺全球重要农业文化遗产，管理处在高速公路两旁制作了高标准的大型宣传牌，并进行了为期一周的进村入户宣传活动。此外，还充分利用《农民日报》《世界遗产》及《旅游与摄影》等报刊，大力宣传了全球重要农业文化遗产，对外影响力显著提高；编印了农业文化遗产保护宣传册，并发放

到紫鹊界梯田各村各户，宣传了农业文化遗产的保护知识以及农业文化遗产管理办法等内容，营造出村村保护、人人保护遗产的良好氛围。

7月5日，FAO伙伴关系与南南合作司司长玛赛拉·维拉里尔一行前来紫鹊界梯田考察指导农业文化遗产保护工作，玛赛拉女士对新化县农业文化遗产保护工作情况给予了肯定，并对新化县遗产管理工作提出了更高的要求，希望我们能守护好这片美丽的家园，守护好这份宝贵的世界遗产。

9月底，由湖南省旅游发展委员会和娄底市人民政府主办的2018年湖南秋季乡村旅游节暨首届娄底新化农民丰收节开幕式在紫鹊界隆重举行。此外，中央电视台《新闻联播》、湖南卫视《新闻联播》、《人民日报》、《农民日报》等多家媒体多次报道紫鹊界梯田景区，提升了紫鹊界梯田在全国的知名度。特别是2018年10月，《人民日报》以“解码紫鹊界梯田”为题，整版报道了紫鹊界梯田的灌溉系统，再次宣传了紫鹊界梯田的神奇秀美，社会效果突出。在2019年两会期间，全国人大代表、新化县锄头娃农业发展有限公司阳海玲多次向媒体推介紫鹊界梯田，并提出了支持以紫鹊界梯田为代表的国家自然与文化双遗产可持续发展的建议。

（三）借力全球品牌，扩大遗产品牌效益，推动乡村振兴战略的实施

2018年7月，紫鹊界梯田获得“湖南省科普教育基地”称号。11月，紫鹊界景区公司先后策划和开展了一场场别开生面的世界遗产进校园活动，效果显著，在学生之间反响强烈，不仅向中小学生传播了紫鹊界梯田的传统农耕技术和农耕文化，而且还培育了其对传统农耕知识、技术、饮食、民俗等优秀传统文化的认同。2018年新化县还先后组织遗产管理者参加了日本农业文化遗产研讨会和由农业农村部主办的中国重要农业文化遗产主题展，通过视频、遗产节目演出、精美照片及文字展示了紫鹊界梯田的遗产魅力，对保护和传承传统农耕文明和原始生态景观具有深远影响。

2018年紫鹊界梯田接待游客数量达到30万人次，遗产旅游年收入约600万元，有将近100位农户提供旅游服务，效益最好的农家乐年收入达30万元，实实在在地给当地老百姓带来了收益，推动了乡村振兴战略的实施。

此外，在十一黄金周期间，景区收入达到130万元，同比增长30%。同时，景区继续与湖南卫视快乐购频道进行紫鹊秋收直播活动，共计售出12.5万千克紫米，比2017年翻了一番，给当地村民带来了经济效益，扩大了遗产品牌效益。

（四）加强对梯田的保护与管理，传承农耕遗产文化

紫鹊界核心区域梯田有8万亩，但因近年来，梯田耕种成本高、效益低，大部分青壮年劳动力都外出打工，导致梯田无人耕种，出现抛荒撂荒现象；另外，由于

旅游业的发展，农家乐的急速增多，生活污水的排放造成水体污染，导致部分梯田被旱化。为了维持梯田的可持续发展，加大力度治理梯田旱化、抛荒撂荒问题，新化县委、县政府2017年投入近300万元的资金用于水浸梯田、水源涵养、开垦梯田等，以加强对梯田的保护。

为了加强对梯田的管理，紫鹊界梯田管理处与紫鹊界村两委联合对紫鹊界村进行了梯田到户摸底调研，并进行登记在册，以便于管理。自紫鹊界梯田获评全球重要农业文化遗产地以来，共设有两个监测点即紫鹊界村和吉寨村，据调查统计，紫鹊界村梯田有近3 200亩，几乎没有抛荒梯田，情况较好。2019年将继续对紫鹊界村梯田加强管理，且将对吉寨村梯田进行登记在册，统一管理。

（五）加大对农业文化遗产的综合治理，维护传统农业生态环境

随着紫鹊界梯田旅游业的发展，农家乐急剧上升，由于没有建立废弃污水治理系统，农家乐的生产生活污水直接排入农田，造成水体污染，破坏了让紫鹊界人引以为豪的自流灌溉系统，也破坏了传统农业生态环境。再加之老百姓的建房又层出不穷，又进一步给农业发展带来了伤害，因此，2018年年底，新化县委、县政府下大力气开展了一次拆违控违执法行动，对违规建筑进行了拆除，对农家乐的发展进行了管控，新化县人民政府还印发了《新化县人民政府办公室关于印发〈紫鹊界景区“两违”集中整治实施方案〉的通知》，“两违”行动持续进行中，突显出新化县委县政府对“两违”行动的坚强决心。此外，为了解决梯田抛荒撂荒、治理好旱化梯田并统一梯田耕种方式和时间，新化县还决定对紫鹊界梯田核心区域3 850亩梯田进行流转经营，计划在三年内完成，将促进核心区域梯田的可持续发展。

2018年南方山地稻作梯田系统——广西龙脊梯田保护发展工作报告

龙胜各族自治县人民政府副县长　龙宪智

一、基本情况

龙脊梯田系统源远流长，龙脊梯田及农业生产距今至少有2 300多年的历史。龙脊梯田座落于广西壮族自治区桂林市龙胜各族自治县龙脊镇龙脊山脉，境内为多民族聚居区，以壮、瑶族为主，其中壮族6 078人，瑶族5 517人，汉族2 303人，苗族63人，侗族28人。龙脊梯田农业系统面积约为101平方千米，其中梯田面积1 174公顷。目前，龙脊梯田主要包括平安壮寨梯田、龙脊古壮寨梯田、大寨红瑶梯田和小寨红瑶梯田四大部分，是农业文化遗产的核心保护区域。2018年4月，龙胜各族自治县（以下称龙胜县）吴永合县长在意大利罗马接受FAO授牌，标志着广西龙脊梯田农业系统正式成为全球重要农业文化遗产地。

二、遗产地保护情况

2018年以来，龙胜县加强对梯田系统的保护与发展，不断探索呈现南方稻作梯田农业文化独特魅力的新方法、新思路，龙脊梯田农业系统的保护与发展取得了显著成效，龙脊梯田正成为龙胜县经济发展、群众脱贫致富的助推器。

（一）强化“三个保障”，狠抓保护管理力度

1. 构建联动体系

创建“政府主导+部门联动+企业加入+村民参与”的管理机制，在县人民政府的主导下，形成部门联动管理办法，加大对龙脊梯田的保护管理工作，由龙脊镇人民政府、龙脊梯田国家湿地公园风景名胜区管理局、龙脊旅游有限公司对遗产地实施保护管理与发展，全面负责区域内梯田的保护管理和开发利用工作，在县农业农村局设立龙脊梯田全球重要农业文化遗产项目办公室，协调国土资源、环境保护、住房城乡建设、林业、水利、文化、旅游等有关部门按照各自职责做好龙脊梯田的保护管理工作，坚持落实村民自治、村委和村内农民专业合作社共同参与的遗产地保护组织，增加社区居民对保护工作的认识和参与的积极性，实现梯田保护与社区共管，目前遗产地核心区域及辐射区域的部分村落都参与保护活动中来，并签订龙脊梯田遗产保护的承诺书。

2. 健全管理办法

龙胜县与南京农业大学合作，启动完善《龙脊梯田重要农业文化遗产保护管理办法》和《龙脊梯田重要农业文化遗产发展规划》升级工作，建立健全龙胜县遗产地保护机制，让遗产地的保护更加科学、有效。

3. 推动“控非”行动

在龙胜县人民政府主导下，县、乡、村各级多部门联动，积极开展龙脊梯田遗产地区域控违打非专项整治行动，严格按规划控制遗产地建筑数量及规模，保护和维护现有景观及梯田现状，力求保护与发展的可持续性。

（二）夯实“三项基础”，做到底数清方向明

龙胜县全面开展龙脊梯田群的田野调查工作，对龙脊梯田生态系统进行全面普查，登记拍照，建立保护档案，并采取重点保护措施。调查内容包括龙脊梯田中的野生动植物资源数量、古树树龄、梯田占地面积，收集脊梯田的古老传说、民间故事、歌谣、习俗、手工技艺、文化物质载体等，进一步夯实基础性工作。

1. 把脉遗产地底数

经过前期挖掘、组织申报，目前，龙脊梯田的“壮族干栏式建筑”“北壮服饰”“龙脊梯田造田技术”“北壮二声部民歌”“龙脊壮族稻作文化”“龙脊水酒”被列入

市级以上非物质文化遗产保护名录。2018年，完成龙脊古茶树的登记备案11 026株；对龙脊梯田地区原有水稻品种资源现状调查6个；对遗产地核心区域龙脊古壮寨社区现存不可移动的文物进行调查，发现百年以上的老屋9座，凉亭7处、古寨门2处、古石板桥8处、碑文和石刻8处。

2. 深挖可保护资源

与中国农业科学院农业经济与发展研究所开展科研合作，中国农业科学院遗产地GIAHS监测、产业扶贫与乡村振兴专家团队，在龙胜县龙脊梯田地区进行实地调研，对龙脊梯田地区的农户进行深入走访。通过举办座谈会的形式与龙胜县各部门进行交流，对龙脊梯田遗产地发展、监测保护、农产品品牌的推广和乡村振兴提出了宝贵的意见，撰写的《龙脊梯田是如何保护的——多方参与下农业多功能开发推动农业景观保护机制的研究》发表于荷兰的《土地利用政策》杂志上，把龙脊梯田在保护与发展传承中注重群众参与遗产地收入分配经验模式在国际上分享，为今后加强保护提供理论支撑。

3. 推进监测平台建设

根据FAO和农业农村部的要求，完成年度遗产监测系统平台的填报，2018年龙脊梯田监测管理年度报告已完成上报。

（二）突出“三点提升”，助推农业产业发展

1. 强化政策支撑

龙胜县制定了《两茶一果+特色养殖发展规划2013—2018》，并制定财政扶持政策发展两茶一果+特色养殖，充分发挥遗产地的环境优势，做大农产品产业规模。龙脊梯田农产品有罗汉果、龙脊辣椒、龙脊茶、龙胜红糯等地理标志产品，产品主要面向华南市场，产品质量由大众化普通产品转变为适应市场多样化需求的无公害产品、绿色产品、有机产品。近年来，已成立罗汉果农民专业合作社、茶叶专业合作社、龙胜县农产品购销农民专业合作社等几十个专业合作社。

2. 深度挖掘产品

加强“三品一标”特色农产品开发力度，目前龙胜梯田的农产品加工业主要有7家茶叶加工厂，涉及5 000名农户的生产和收入，2018年出产无公害和绿色农产品1.5万吨，有机食品100吨，产值达17亿元。

3. 加强培训力度

2018年完成遗产地农民技术培训47期，参与培训农民达4 550人次，覆盖率达到85%。

三、取得的成效

通过遗产地景区景点、特色村寨、旅游产品的开发，成功探索出符合遗产地实际情况的保护与开发模式，也成为全区成功的扶贫致富模式。2018年，全县共接待游客860万人次，同比增长10.63%，实现旅游消费105.08亿元，同比增长26%，旅游从业人员达7.5万人，直接带动8 000多人脱贫致富，走出了一条生态越来越好、旅游越来越旺、贫困人口越来越少、群众获得感越来越强、幸福指数越来越高的好路子。

1. 民族文化旅游模式

以挖掘保护民俗文化为核心，整体推进龙胜内民族村寨的旅游基础设施建设，

打造民俗文化服务项目和体验产品，涌现出了以黄洛瑶寨、细门瑶寨为代表的一批民俗文化旅游村寨。位于核心区内的黄洛瑶寨是龙胜境内开发成功的典型民族村寨，该寨以“红瑶长发”文化为核心，打造出了原生态的长发歌舞表演、长发洗护产品、农家特色餐饮住宿、民族纪念品等，已经成为发展民族文化旅游的典型代表，2018年接待游客70万人次，仅民族一项就当地贫困群众实现分红200余万元。

2. **龙头企业带动发展模式**

以龙头企业对遗产地旅游景区进行整体包装，统一管理，统一运营，群众集体入股或参与等方式进行合作。以龙脊梯田核心区内的大寨村、平安村、龙脊古壮寨和泗水乡白面瑶寨，龙胜镇忆江南鸡血玉文化园为代表。龙脊梯田旅游目的地由龙脊旅游公司统一经营管理，对遗产地梯田农耕文化、民俗文化进行开发，遗产地景区群众服务于旅游开发，享受门票分成，还通过开发特色服务项目获取利益。2018年，龙脊梯田景区接待游客达到145万人次，遗产地内群众直接分红超过1 000万元。

3. **村寨旅游联盟开发模式**

以遗产地地理位置相对集中的村寨为基础组成旅游联合社，挖掘特色资源，统一宣传促销、培训学习，打造差异化的旅游产品，依托龙脊梯田农业文化遗产地形

成“一村一品”的旅游格局，各村实行独立经营、独立核算制度。该模式以龙脊梯田遗产地乡村旅游区为代表，涉及区域内6个特色民族村寨，该旅游区已经成为龙胜境内最富特色的乡村旅游区，通过各种模式的带动，使群众享受到了保护与发展带来的红利。

4.宣传助推品牌提升模式

开展遗产地的宣传和品牌推介，积极组织参加2018年11月21～26日在北京由全国农业展览馆举办的中国重要农业遗产主题展活动，同时，结合当地特色，成功举办“第七届龙脊梯田文化节”“龙胜县首届农民丰收节暨龙脊金秋文化旅游节”“开耕节”“红衣节”“火把节”“红糯节”等一系列民俗节庆活动，吸引了各界媒体前来采风和拍摄节目。2018年，仅在中央电视台专题报道13（条）次，时长达250多分钟，其中新闻联播8次，进一步带旺了龙胜旅游，拓展和巩固全县一二三产业的融合发展。

龙胜县龙脊镇大寨村依托绿水青山发展乡村旅游，将昔日的“卖血村”发展成为现在远近闻名的“富裕村”的故事。

过去大寨村是一个几乎与世隔绝的村寨。“半边铁锅半边屋，半边床伴半边窝”的民谣正是当地村民贫困的真实情况。过去由于贫穷，有的大寨村民靠卖血换钱贴补家用，这样的现象如今已经成为历史。大寨村委与旅游公司签订协议，村民用自家田地入股，负责种植水稻和维护梯田景观，旅游公司每年将门票收入的7%返还大寨村，给村民分红。村民也充分开发当地农特产品变为旅游产品增加收入。2018年，大寨村接待游客78万人次，旅游分红达670.6万元，大寨村共有271户，1 232人获得分红。“扛着犁耙种田地，唱着山歌搞旅游”，大寨村是龙胜县探索生态旅游扶贫的一个缩影，也是遗产地为村民带来红利的真实写照。

附　　录

附录1

2019年中国全球重要农业文化遗产大事记

2018年12月

农业农村部办公厅发布《关于开展第二批全球重要农业文化遗产候选项目遴选工作的通知》(农办外〔2018〕15号),正式启动新一批GIAHS遴选工作。

2019年5月22日

农业农村部全球重要农业文化遗产官方微信公众号“全球重要农业文化遗产在中国”正式上线。

2019年6月5日

“以全球重要农业文化遗产保护与发展促进乡村振兴研讨会”在山东夏津召开。

2019年6月14日

农业农村部办公厅发布《关于公布第二批中国全球重要农业文化遗产预备名单的通知》(农办外〔2019〕5号),天津滨海崔庄古冬枣园等36个传统农业系统入选新一批预备名单。

2019年7月29日

2019年全球重要农业文化遗产申报陈述答辩会在京召开,内蒙古阿鲁科尔沁游牧系统等12个GIAHS候选项目进行现场答辩。

2019年7月30～31日

第六届全球重要农业文化遗产(中国)工作交流会在福建安溪召开。

2019年9月16～24日

第六届全球重要农业文化遗产能力建设培训班成功在华举办。

2019年10月16日

农业农村部向FAO推荐浙江庆元香菇文化系统等四个项目申报全球重要农业文化遗产。

附录2
2019年全球重要农业文化遗产申报陈述答辩活动各遗产地陈述词汇编

1. 内蒙古阿鲁科尔沁草原游牧系统陈述词

中共阿鲁科尔沁旗委员会书记　于伟东

说起草原，大家很自然想到的是“天苍苍，野茫茫，风吹草低见牛羊”，是马背民族的勤劳和勇敢，是那达慕大会上的精彩竞技和载歌载舞。这些十分美好的场景，在阿鲁科尔沁草原游牧系统是最常见的秀美风光。

一、总体情况

阿鲁科尔沁旗位于内蒙古自治区东部，地处我国北方农牧交错带。这里群山巍峨、草原广袤、河流密布，依然原汁原味地保留着冬春营地、夏秋营地，逐水草而居、食肉饮酪、骑马射箭的蒙古族传统游牧生产生活方式。

阿鲁科尔沁草原游牧系统2014年被列入第二批中国重要农业文化遗产，包含6个游牧核心区，总面积500万亩，涉及23个嘎查，3 585户9 110名牧民，是全国第一个游牧类的农业文化遗产，也是目前唯一一个游牧类的全球重要农业文化遗产候选项目。

（一）阿鲁科尔沁草原游牧系统历史悠久，文化深厚

这里曾是乌桓和鲜卑等游牧民族的发祥地，元朝以后，成为成吉思汗胞弟哈布图哈萨尔后裔的封地。有北元末代皇城察汗浩特古城等400余处古遗址，蒙古汗廷音乐、蒙古族勒勒车制作技艺、阿日奔苏木婚礼3项国家级非物质文化遗产，那达慕、祭敖包等蒙古族传统民俗活动仍然在阿鲁科尔沁草原上活态传承。

（二）阿鲁科尔沁草原游牧系统景观秀美，生态良好

这里拥有森林、草原、湿地、河流等多样的生态系统与自然景观，具有重要的生态系统保育及物种保护功能。游牧系统内物种丰富，孕育了蒙古绵羊、昭乌达肉牛、罕山绒山羊、蒙古马、海兰褐鸡等具有地方特色的优良家畜品种。

（三）阿鲁科尔沁草原游牧系统传统依然，创新发展

选育良种、接羔保育、分群放养、畜群结构等传统知识和技术蕴含着科学的实践经验、人与自然和谐发展的朴素思想，这些生产生活方式与技术一直延续到当代，为当地牧民增收提供了稳定保障，核心区内牧业收入占牧户纯收入的比重最高达87.24%。

但随着游牧主体的老龄化、游牧人数的下降，以及气候变化造成的草场退化等因素，游牧系统也面临着威胁，保护、传承迫在眉睫。

二、工作开展情况

近年来，我们深入贯彻习近平生态文明思想，成立游牧系统管理委员会等管理机构，编制了《阿鲁科尔沁草原游牧系统保护与发展规划》《阿鲁科尔沁草原游牧系统保护暂行办法》等一系列规划和政策性文件，加强生态保护，进一步助推了乡村发展和振兴。

我们重视遗产地之间的经验和学术交流，2018年第五届全球重要农业文化遗产（中国）工作交流会、第五届全国农业文化遗产学术研讨会在阿旗胜利召开。

我们致力提升游牧文化的影响力，六集大型纪录片《阿鲁科尔沁的纯净》在央视媒体播出，歌舞剧《阿鲁科尔沁之韵》在自治区第七届乌兰牧骑艺术节上获得银奖，进一步提高了游牧系统的知名度。

我们着力推动游牧系统可持续发展，依托农业文化遗产这块金字招牌，培育阿鲁科尔沁牛肉、羊肉、小米、驴肉等地标品牌，发展文化旅游等融合业态。

三、美好愿景

内蒙古阿鲁科尔沁草原游牧系统申报全球重要农业文化遗产，既是深入贯彻习近平新时代中国特色社会主义思想的生动实践，也是阿鲁科尔沁旗30万草原儿女的强烈愿望。

旗委、政府高度重视，社会各界广泛关注，人民群众极度关心。下一步，我们

将按照习近平总书记在考察内蒙古时提出的“坚决守好内蒙古这片碧绿、这方蔚蓝、这份纯净”的要求，坚持“绿水青山就是金山银山”理念，在发掘中保护，在保护中传承，向世界讲好传统游牧故事。

2. 浙江庆元香菇文化系统陈述词

浙江省庆元县委书记　蓝伶俐

庆元，是香菇开始的地方。庆元地处浙江西南部，与福建交界，是瓯江、闽江、赛江“三江之源”，享有中国生态环境第一县、中国避暑胜地、中国天然氧吧等美誉。正是在这样的绿水青山间，孕育和发展了庆元香菇文化系统。

下面，我想用“植根生态、源于自然、共生文化、造福人类”这16个字来介绍系统的特征与价值。

植根生态。庆元香菇栽培历经800多年生生不息，主要源于它是一个“菇林共育”的生态循环系统。传统栽培技术即剁花法采取“异龄择伐”，伐倒的菇木自然腐烂增加腐殖质，保持土壤肥力，促进水源涵养，是一种森林可持续经营技术。当前香菇栽培实现了从剁花法到段木法、再到代料法的技术飞跃，但“菇林共育”的核心理念和技术始终传承。时至今日，遗产地保护区森林覆盖率高达91%，农田、村庄基本保持原貌，景观特色鲜明，生动践行“人与自然是生命共同体”的理念。

源于自然。遗产地位于我国17个具有全球意义的生物多样性关键地区之一，也是当前正在创建的丽水国家公园核心区，保存有国家一级保护动植物15种，其中百山祖冷杉是全球最濒危的12种植物之一。此外，还有大型真菌575种，其中食、药用菌373种，占全国野生食、药用菌的22%，具有国际代表性。从一定意义上讲，把庆元的菌物资源保护好，对全国乃至全球菌物资源保护都具有重要意义。

共生文化。一方水土养育一方人，一方人创造一方文化。800多年来，菇民与香菇相生相伴，逐渐把生产融入生活，形成了菇民戏、菇山话、菇神庙会、香菇功夫等丰富多彩的香菇文化。菇民们捐建的廊桥，成为香菇交易的重要场所。庆元至今保存有廊桥130座，其中“国保”单位11座，是中国廊桥之乡。

造福人类。香菇栽培“不与人争粮，不与林争地，不与农争时”，为人类开辟了崭新的食物来源，在应对山区食品安全、解决妇女和留守老人就业等方面发挥了重

要作用。全县农民收入的50%以上来源于这一产业，2015年就消除了“4 600元以下”的绝对贫困现象。当前，庆元还有1万多名“菇乡师傅”，带着庆元生产的菌种和机械奋战在全国20个省份400多个县，为扶贫事业做出重大贡献。同时，香菇栽培技术也漂洋过海，促进了世界其他地区食用菌产业的发展。

对于这一宝贵的人类遗产，庆元历届县委、县政府都十分重视，专设正科级食用菌管理局统筹保护与传承工作，每年投入6 000万元用于封山育林、遗产保护和食用菌产业发展。建立李玉院士工作站，举办中日韩食用菌行业会长庆元峰会，并通过香菇文化节、香菇始祖朝圣等活动，扩大香菇文化的影响力。还积极推动生态产品价值转化，不仅种植香菇，而且烹饪香菇、加工香菇、营销香菇，成为全国首个生态产品价值实现机制试点市、中国（丽水）两山学院的重要教学地。

庆元香菇文化系统是一个独具特色的菇林复合系统，也是一个生物丰富多样、生态价值重要的系统，还是一个技术体系完备，对于食用菌产业可持续发展具有重要引领作用的系统，更是一个文化底蕴深厚，有助于人与人、人与自然之间和谐共生的系统。

如果能成功申报全球重要农业文化遗产，我们将进一步推动香菇文化的传承和菌类产业的发展，进一步确立中国的世界香菇起源地位。同时，对于填补菌类全球重要农业文化遗产空白，也具有重要意义。

下一步，我们将保护和传承好这一重要农业文化遗产，全力办好2020年第七届东亚地区农业文化遗产学术研讨会，探索以农业文化遗产促进乡村振兴的“庆元模式”，打造世界菌物资源研究中心、世界菌物保存与展示中心。

3．安徽寿县芍陂（安丰塘）及灌区农业系统陈述词

安徽省寿县县长　程俊华

一、遗产体系及特性

芍陂历史悠久，是中华民族灌溉文化的“活化石”。芍陂始建于2 600多年前的春秋时期。《汉书》载：“楚令尹孙叔敖作芍陂，灌田万顷。”《水经注》载：

"淝水流经白芍亭，积水成湖，故名芍陂。"隋时侨置安丰县，又名安丰塘。芍陂是中国较早的蓄水灌溉工程，中国古代四大水利工程之一。千百年来，生生不息，传承至今。

芍陂体系科学，是中国农业灌溉发展的里程碑，是中国最早的陂塘蓄水灌溉工程，引、蓄、灌、排、泄功能完备，规划科学，布局合理，实现了灌区"水旱由人"的理想生产生活状态。历史上虽几经变迁，但这一体系构成基本未变。现在水面34平方千米，常年蓄水1亿立方米，干支斗毛渠道全长678千米，灌田105万亩，受誉"天下第一塘"。自兴建以来，从西汉时设立陂官（最早设有"陂官"管理的水利工程，1959年出土的汉代都水官铁锤是芍陂早期管理制度的有力物证），到明清时设董事、塘长；从1877年乡民签订《新议条约》维护用水秩序到民国时召开塘民大会选举管理，及至当代纳入淠史杭综合治理后，灌区群众成立用水户协会，订立乡规民约，形成政府与民间共同参与的管理模式，薪火相传，一脉相承，确保了芍陂灌区农业系统日臻完善，长盛不衰。

芍陂生态宜业，是中国生态农业的"古样板"。芍陂的修建，优化了灌区水环境，塑造了良好的农业生态景观。灌区拥有野生动物150多种、各类植物1 000多种，寿带、鸳鸯、天鹅、虎纹蛙等珍稀物种在此繁衍生息。板桥席草是全国四大席草基地之一，皖西白鹅是国家种质资源保护地。有稻虾、稻鱼、稻鸭等综合种养业态20多万亩。作为自古以来的江淮粮仓，宋代王安石赞叹："鲂鱼鱍鱍归城市，粳稻纷纷载酒船。"民间歌谣也传诵："嫁星星，嫁月亮，不如嫁到安丰塘。安丰塘，鱼米乡，白米干饭鲜鱼汤"，生动反映了芍陂的富庶景象。

芍陂文化厚重，是中国农耕文化的"积淀地"。它的兴建，为"楚东徙都寿春"奠定了物质基础，缔造出绵延2 000多年光辉灿烂的农业文明。这里出土的"圆鼎之王"楚大鼎，见证了古寿春的兴盛；被列入申报世界文化遗产名录的寿县古城墙，是农耕文化的典型代表。这里是中国豆腐的发祥地，淮南王刘安及其门客创作的《淮南子》，最早系统地阐述了二十四节气。这里也是全国端午习俗集中分布区，民间盛行的舞龙、抬阁肘阁、庙会等非遗活动，是灌区农耕文化的生动体现。

二、已开展的保护工作

2 600多年来，芍陂所架构的农业文明长盛不衰。寿县人民心怀敬畏和感恩，对遗产倍加珍惜和保护。特别是中国重要农业文化遗产授牌后，围绕可持续发展目标，遗产保护传承又掀开新的一页。

1. 坚持规划引领

成立了官方和民间相结合的遗产保护管理机构，组织编制了一系列保护与发展规划，制定了遗产保护管理办法。投入400万元，委托专业机构对遗产进行生态、文化、产业、民生等系统研究，为保护、传承和发展提供科学依据。

2. 坚持保护为要

界定遗产核心保护区、重点保护区，划定了生态保护红线、土地开发利用红线、基本农田保护红线，严格划定粮食生产功能区和重要农产品保护区，保持遗产地生态良性向好。2015年以来累计投入数亿元，相继实施了安丰塘除险加固、灌区水利设施修复提升、文物遗产保护、农村垃圾污水处置、面源污染治理、道路交通提升等一批项目，灌区生态环境和保护条件持续改善。积极探索产业传承与创新，大力发展绿色产业和“互联网+”农业，与中国水稻研究所建立水稻绿色增产增效协同创新联盟试验示范基地，“三品认证”灌区大米120个，八公山豆腐获得中国地理标志保护产品认证，寿州香草列入非遗传承产品，荣获全国电子商务进农村示范县，产业培育进入快车道。

3. 坚持深化研究

组织了一系列科研、培训和宣传推介活动。相继举办芍陂历史文化研讨会、遗产地优质稻米基地创建研讨会等研讨活动。出版系列专题专著，央视等媒体多次对遗产进行专题报道。研讨和支持芍陂遗产保护与利用的氛围愈演愈浓。

三、未来保护与发展计划

我们将以此次申报为契机，进一步加强芍陂灌区农业系统生态保护工作，全面落实《中国芍陂保护与发展规划（2018—2035）》。按照近期、中期、远期计划，扎实做好遗产保护区生态保护、产业发展、文化繁荣、民生福祉等几篇大文章，增强粮食功能区建设投入，注重生物多样性的丰富与保护，不断促进人与自然的和谐共生，有效促进遗产地可持续发展，让灌区百姓生活更加幸福美好。

在中国灌溉史上，芍陂具有崇高的历史地位，至今仍在为人类发挥着人与自然和谐共生的典范作用。它凝聚2 000多年来先人们顺应自然、改造自然的智慧结晶，成为中国古老农耕文化的重要见证。如果申报成功，不仅将成为安徽首个全球重要农业文化遗产，还将填补全球重要农业文化遗产中陂塘灌溉农业类型的空白。

4. 河北涉县旱作梯田系统陈述词

河北邯郸涉县县委书记　汪涛

一、遗产特征

涉县旱作梯田历史悠久，早在2 500年前的春秋战国时期，赵简子就在此屯兵筑田。2 500年来，勤劳的涉县人民在这里耕作生活从未间断，梯田供给的农业产品和生产生活资料超过90%。依赖梯田，在缺土少雨的北方石灰岩山区，建立起了充满中国智慧的旱作梯田系统，实现了可持续发展。这里不仅有丰富的动植物资源，而且独特的生态结构有效防止了水土流失、山体滑坡、泥石流等自然灾害发生，对整个太行山区生态安全具有不可替代的作用。这里不仅产生了独具特色的水土利用、传统农耕技术体系，而且形成了雄伟壮美的太行梯田景观。这里更拥有以梯田文化、金驴文化、饮食文化、石头文化等为主题的民俗文化，产生了赛戏、女娲祭奠、上刀山等一大批非物质文化遗产。

二、保护重要性

随着城市化进程加快，特别是在大量农村青壮年选择外出务工的情况下，旱作梯田的传承和保护将面临“无人为继”的尴尬处境。涉县旱作梯田系统代表了中华民族旱作农耕文化的精华，从全球来看都具有独特性和唯一性。尤其是在当前生态文明建设、农业可持续发展和乡村振兴等大背景下，加强涉县旱作梯田系统保护，并将其列入全球重要农业文化遗产，具有非常重要的生态、社会和经济价值。

三、保护与成效

涉县高度重视旱作梯田保护和利用工作。一是强化组织领导，成立了由县委书记挂帅的领导小组，出台系列政策、拨付专项资金，配齐专门人员，指导成立以农民为主体的梯田保护协会，形成了党委领导、政府主抓、全社会共同参与的大保护格局。二是制定了34项保护行动方案，从生态保护、文化传承、产品开发、能力建设等进行全方位规划。三是将规划付诸实施，如投资3.5亿元推动核心区基础设施建设，实施了“百千万”山水林田治理工程，使太行梯田变成了千里画廊。四是组织和参加国内外遗产保护，并进行经验交流。五是先后与中国农业大学、中国科学院等开展合作研究，取得一大批科研成果。六是开展遗产地农产品品牌认证工作，开发了系列特色农产品，促进了农民增收。七是加大宣传推介，2016年以来在国家省市等媒体上宣传报道千余篇。

下一步，我们将认真落实好各位专家领导指示要求，进一步加大保护力度，让旱作农耕智慧造福全人类。

5. 福建安溪铁观音茶文化系统陈述词

福建安溪县县长　刘林霜

一、遗产地概况

安溪，是中国乌龙茶之乡、世界名茶铁观音的发源地。2016年以来，安溪铁观音连续四年位居区域品牌价值茶叶类第一，荣获中国十大茶叶区域公用品牌。

安溪铁观音茶文化系统于2014年入选中国重要农业文化遗产。

二、安溪铁观音茶文化系统的特征与价值

（1）安溪茶业起源于唐末，发展于明清，兴盛于当代，已有1 000多年的历史。

（2）铁观音是安溪农民的主要生计来源，全县120万人口中有80万人因茶产业受益，农民收入的56%来自茶产业。安溪因茶脱贫并进入“全国百强”，成为全国典型。

（3）茶树种质资源丰富，栽培品种100多个，首批30个国家级茶树良种中，安溪就占了6个。

拥有陆生野生动物258种，维管植物种类940种。

（4）安溪茶园坚持梯壁留草、套种绿肥、茶林相间等复合生态种植模式，具有涵养水源、保持水土、调节气候等多种功能，茶园景观也更富美学价值。

（5）安溪铁观音采用半发酵制作技艺，历经3大阶段、10道工序、36小时连续制作，形成铁观音独特的色、香、韵。

（6）茶已渗透到茶乡人民的生产生活中，形成了独特的斗茶、敬茶、茶艺等茶文化习俗、礼俗。

安溪茶是“海上丝绸之路”的重要文化符号，早在宋元时期，就通过泉州港走向世界，英语的tea，就是泉州方言“茶”的发音。

综上所述，安溪铁观音茶文化系统具有显著的全球重要性：一是首创了乌龙茶制作技术和茶树短穗扦插技术，丰富了世界茶叶种类和茶树繁殖技术。二是发现了铁观音茶树品种，至今仍保留铁观音母树，丰富了世界茶树基因库。三是茶树的生态种植管理模式，对全球山区生态农业建设具有示范作用。四是茶文化传承模式为重要农业文化遗产保护与传承提供借鉴。

三、入选中国重要农业文化遗产以来所做的工作

（1）制定管理规定，全面加强文化遗产管理保护；成立领导小组，全力推动申遗以及保护发展工作。

（2）开展名茶山评选，推行“山长制”，对茶叶产区实施最严格的生态保护。在全国首推农资监管与物流追踪平台，构建质量安全全程可追溯体系，得到农业农村部肯定推广和央视《焦点访谈》专题报道。

（3）开办茶业职业技术学校、茶文化传习所，对专业合作社开展业务培训；开全国茶界先河，举办安溪铁观音大师赛，百万重奖制茶大师，示范引领，带动技艺传承创新。

（4）出版茶书籍100多本，创作茶歌茶舞作品50多件，加大茶文化系统研究和展示。

安溪铁观音作为中国文化的代表，成为厦门金砖会晤和中英、中印、中朝领导人会晤等重大外交活动用茶。

（5）建设全国唯一涉茶本科院校——福建农林大学安溪茶学院，与中国科学院、中国农业科学院等单位合作，强化人才和科技支撑能力。

积极开展茶叶全价利用和精深加工，开发茶叶产品50多种。

（6）在全国率先发展茶庄园业态，建成22座茶庄园，每年吸引超百万“铁粉”体验消费。

大力发展茶叶电商，2018年交易额达34.26亿元，市场占有率连续多年位居全国前列。

（7）通过“五联”，推动“五变”，打造“五个共同体”，58%农户加入合作社或进入企业务工，形成多方参与的利益共享机制，带动13.8万农户增收致富。

四、未来工作重点

安溪铁观音茶文化系统是祖先留给我们的宝贵遗产。我们将以此次“申遗”为新的起点，在各级领导、专家的关心、指导下，进一步加强铁观音种质资源与生态景观保护，巩固制茶技艺和茶文化传承机制，加快农业文化遗产与乡村振兴互促互进，让安溪铁观音茶文化系统更加熠熠生辉、传播久远，为中国农业文化走向世界贡献安溪力量。

6. 重庆石柱黄连生产系统陈述词

石柱县人民政府县长　左军

一、主要特点

基本县情：石柱建县于619年，位于重庆东部、长江南岸，辖区面积3 014平方千米，总人口55万人，2018年实现GDP 175.97亿元。以黄连为主的中药材产业是全县农业主导产业之一，黄连在地面积5.8万亩左右，素有“中国黄连之乡”美誉。

特点表现：一是历史悠久性。于1300年前开始人工种植黄连，已有700多年历史。二是产业独特性。在全国91个中国重要农业文化遗产中，黄连生产系统是唯一的。年产量占全国60%、世界50%，拥有全国唯一的专业交易市场，全国90%以上黄连来此交易。种植黄连是高山地区农民主要生计来源。三是文化传承性。种植栽培的传统“味连”品种、生态的栽培方式、传统生产工具等农耕文化，极具传承价值。四是生物多样性。森林覆盖率达到59.04%，黄连主产区森林覆盖率达90%以上。独特的气候条件和自然资源，适宜种植黄连，催生了生物多样性，有野生动植物2 300余种。

二、保护与发展

按照“在保护中发展，在发展中保护”的原则，制定并实施了《重庆石柱黄连传统生产系统保护与发展规划》。

一是保护方面。黄水镇等5个核心保护区5.26万亩面积占全县重点保护区的91.3%，推行“林下种连、一桩一树”等生态种植模式，注重水环境等生态资源保护；强化生产遗址、传统村落、民俗等传统文化景观保护；做好种质资源、生产器具、生产方式等生产技艺保护。二是发展方面。建设黄连文化历史博物馆，推进农业、旅游、文化的融合发展，积极创建国家现代农业产业园，大力引进和培育市场主体，完善“产研加销”产业体系。着力将产业优势转化为经济优势，带动农户增收，实现产业生态化，生态产业化。预计到2025年加工产值达到30亿元。三是保障措施方面。强化组织保障（组建机构、在县农业农村委设立管理办公室），健全县、乡、村三级工作体系；强化制度保障，制定保护与发展、考核评价机制；强化技术保障；强化政策资金保障，争取国家专项和市财政的扶持；本级财政每年安排2 000万元专项资金用于石柱黄连生产系统保护与发展工作。

我们将以此次申报工作为契机，继续推进石柱黄连生产系统的发展与保护工作。在此，真诚地邀请各位领导、各位专家及同仁来重庆石柱检查指导工作。

7. 河北宽城传统板栗栽培系统陈述词

河北承德宽城县县长　张成

一、遗产概况

宽城位于河北省东北部，地处燕山山脉东段，全县总面积1 952平方千米，其中山地面积约占总面积的80%，森林覆盖率65.89%，其中板栗林面积占林地总面积的42%，素有“中国板栗之乡”之称，是京津冀水源涵养功能区和生态环境支撑区。

河北宽城传统板栗栽培系统2014年被认定为中国重要农业文化遗产，分布在全

县18个乡镇，板栗面积533平方千米，其中核心区分布在华尖、碾子峪、椁罗台、塌山等长城沿线10个乡镇，板栗面积333平方千米。

河北宽城传统板栗栽培系统历经数千年而久盛不衰，体现了人与自然的和谐关系，是一种典型的可持续农业发展方式。

二、遗产特征与价值分析

1. 突出的生产功能

历史上板栗是宽城居民重要的食物来源与生计保障，与枣、柿并称“铁杆庄稼”“木本粮食”。

随着京津风沙源治理和退耕还林政策的落实，特别是2014年被认定为中国重要农业文化遗产以来，新增板栗面积67平方千米，板栗栽植总面积533平方千米，2018年产量4.3万吨，产值7.7亿元，带动4万农户19万栗农实现增收，每年农民来自板栗收入占农民人均可支配收入的30%左右，90%以上贫困人口从板栗产业中受益。

2. 丰富的生物多样性

（1）板栗品种多样性。特有的地方品种充实了全球板栗种质资源库，目前当地板栗品种有40多个，其中大板红、燕金、燕宽、熊84、熊330、大屯6个为主要种植品种。

（2）相关生物多样性。宽城传统板栗栽培系统有野生植物615种，包括特有植物天目琼花、天女木兰花。野生动物222种，其中国家Ⅲ类以上保护动物93种。

3. 重要的生态功能

（1）保持土壤肥力。河北宽城传统板栗栽培系统是一种典型的可持续的有机农业生产模式，通过实施压绿肥，进行栗粮、栗禽、栗菌、栗药、栗蜂等间作（养殖），有效保持了板栗林的土壤肥力。

（2）保持水土。依山势修建的谷坊、水平撩壕、鱼鳞坑、塘坝、集水窖等拦蓄径流，降低地表土壤的侵蚀，在撩壕坡梗种植宿根草类、灌木，以改善土壤的物理结构，起到水土保持的作用。

（3）涵养水源。板栗复合栽培系统形成的植被层，可以促进土壤水源涵养能力的提升，经测算水源涵养量可以达到6 500米^3/千米^2，总量可达347万米^3，涵养水源功能明显。

（4）净化空气。全县大气二级以上优良天气达270天以上。

（5）防控病虫害。通过修剪、间作套种诱虫植物，保护天敌、饲养家禽等生物防治方法，可有效控制病虫害，大幅减少农药的使用。

（6）保护生物多样性。板栗栽培系统是重要的生物栖息地，保育了丰富的生物物种。

4. 传统的知识和技术

宽城板栗栽培历经数千年而久盛不衰，创造了因地制宜的板栗栽植体系和高效循环的资源利用体系。形成了选地用地、优良品种的选育、立体种植养殖、树体修剪管理、病虫草害防控、生物多样性保护与利用、绿肥制作、水土资源合理利用等知识和技术。

5. 丰富的民俗文化

宽城传统板栗栽培系统文化显现出山地文化、满族文化交融及板栗文化有序传承的显著特征。在宽城，人们将栗子看作吉祥的象征，可喻示吉利、立子、立志、获利、胜利，当地人在拜师、求学、升迁、开业、嫁娶和庆寿等重要时刻，人们都以栗子相赠，以祝其大吉大利；人们在供奉祖先、祭奠先人时，也都把栗子作为首选之物，这些传统自古一直延续至今。千百年来，宽城形成了许多习俗，一年到头，所有的节庆、生活都离不开板栗，例如，每年六月的栗花节、九月的采摘节，都是宽城重要的节日文化活动。节庆期间除了赏花、品尝板栗，还举行宽城背杆、宽城剪纸、热河二人转、大口落子等国家和省级非物质文化遗产传承展演活动。

6. 多样的景观格局

农民根据山地不同地段地形、土壤、气候等自然条件的差异，进行不同植被的合理搭配。沿河谷向山顶一般分布为河谷居民地或农田、平地板栗林、坡地梯田板栗林、阴坡针叶林、山顶落叶林或灌丛，构成了生态林、经济林及农田合理配置的独具特色的山地林农景观系统。并形成了包括板栗林景观、古板栗树景观、林农间作复合种植景观、多样的植被景观在内的景观要素，并呈现出“春赏花、夏乘凉、秋采果、冬观景”的多彩的时间格局。

7. 悠久的历史传承

宽城板栗栽培历史至今已有近3 000年，西汉司马迁在《史记》的《货殖列传》中就有明确记载。

目前，宽城境内仍然保留有百年以上的古板栗树10万余株，其中在碾子峪镇大屯村有两株古板栗树经河北省林业司法鉴定中心鉴定，定植于1303年，树龄已有716年，是国内目前经鉴定最为古老的板栗树，被誉为“中国板栗之王”。

8.突出的全球重要性

（1）河北宽城传统板栗栽培系统是冀北燕山山地板栗栽培系统的缩影。

（2）特有的地方品种充实了全球板栗种质资源库，根据调查，目前全县种植品种40多个，其中大板红、燕金、燕宽、熊84、熊330、大屯6个为主要种植品种。

（3）传统的山地复合栽培技术对全球山地生态农业建设具有示范作用。

（4）独特的农耕文化传承模式为全球重要农业文化遗产保护提供借鉴。

（5）截至2018年年底，全球共有21个国家的57项传统农业系统入选全球重要农业文化遗产。然而，这其中尚无以“板栗栽培”为核心的遗产系统。

9.遗产保护的现实意义

保护河北宽城传统板栗栽培系统可有效促进具有地方特色的品种资源的保护，促进京津冀地区的生态功能改善，促进贫困地区小农经济的可持续发展，山地种植养殖的生态模式对区域生态建设具有重要的示范意义。

三、保护工作与成效

1.组织与制度建设

县委、县政府成立了保护与发展领导小组。将遗产的申报和保护工作列入宽城县“十三五”规划和《政府工作报告》，制定了《农业文化遗产保护与发展管理办法和遗产标识使用管理办法》等。自2014年以来县财政共投入农业文化遗产保护与发展及板栗产业发展资金3 450万元。

2.加强基础研究

多年来，宽城县与中国科学院等国内外多家科研院所建立了长期合作关系，成立了院士工作站、板栗产业技术研究院。深入探索宽城板栗动态保护与可持续发展途径，形成了一批具有示范推广性的研究成果。

2018年完成了“宽城板栗传统栽培系统历史、文化与传统知识及其保护与利用”等10项基础专题研究，为申报全球重要农业文化遗产提供技术支撑。

3. 规划编制

为保护宽城传统板栗栽培系统，县委、县政府设定了总体保护目标，依托中国科学院地理科学与资源研究所完成了申报全球重要农业文化遗产申报文本和行动计划的编制。通过有效措施保护以板栗复合栽培为特色的传统农业生产系统及其生物多样性；保护与传承传统农作物品种及其相关技术；传承传统民俗与文化；传统农业方式与现代技术结合，实现可持续发展。

力争通过保护传承建成四大基地：板栗复合栽培历史发展的科研基地、传统农业文化教育基地、林农复合型农业文化遗产地可持续发展的示范基地、人与自然和谐发展的生态教育基地。

4. 参与活动

学术交流：积极参加东亚地区和中国农业文化遗产学术研讨会和交流会。

经验交流：多次与浙江青田、福建尤溪等遗产地开展经验交流活动。

专题讲座：多次邀请国内知名专家学者来宽城实地考察，并开展专题讲座。

展会宣传：组织相关企业参加国内和国际博览会、交易会和遗产展等活动（廊坊农产品交易会、全国有机食品和绿色食品博览会、中国国际农产品交易会、首届中国重要农业文化遗产展）。

5. “宽城板栗”品牌打造

一是大力实施板栗标准化生产，全县板栗标准化覆盖率达到70%以上。二是培育壮大龙头企业，承德神栗公司已跻身全国最大的集板栗种植、科研、加工、销售于一体的国家级农业产业化龙头企业，神栗商标认定为中国驰名商标。三是扎实开展有机和绿色认证，全县31万亩板栗通过绿色、有机认证，现正开展有机示范县创建活动。四是加大营销推介力度，宽城板栗被评为最受消费者喜爱的中国农产品区域公用品牌，远销30个国家和地区。

6. 文化和旅游发展

加强人文景观建设，弘扬地方美食文化，强化景区旅游功能，建设独具特色的板栗艺术园、风味美食园和民俗风情园，将板栗基地打造成为高品质、多功能的特色休闲旅游胜地，通过“一镇一特色、一镇一风情、一镇一产业”的打造，全县旅游连点成线、连线成面、连面成区，形成了“全景、全业、全时、全民”的全域旅游发展格局，每年通过赏花、采摘、观光、美食等节庆活动，吸引四面八方游客，在栗林花海中感受浓浓的栗乡风情。2018年宽城艾峪口“板栗采摘文化节”入选首届中国农民丰收节100个乡村特色文化活动名单。2018年，宽城累计接待游客170万人次，综合收入12.8亿元。

7. 公众宣传与社区培训

中央电视台军事·农业频道《农广天地》栏目，拍摄《和满福地灵秀宽城——中国重要农业文化遗产——河北宽城传统板栗栽培系统》专题纪录片上下集，中央电视台财经频道《生财有道》、中央电视台军事·农业频道《乡土》、《农民日报》头版和专版等媒体对此进行宣传报道。组织编写遗产科普书籍，在县电视台举办农业文化遗产知识专题讲座，印发农业文化遗产宣传册和明白纸，在核心区设立农业文化遗产标识，在高速公路、城区设置大型户外广告牌、LED屏。组织开展了全县农业文化遗产摄影大赛、全县中小学生作文大赛、演讲、课本剧展演等系列活动，编写农业文化遗产乡土教材，做到保护农业文化遗产从娃娃抓起。

河北宽城传统板栗栽培系统集历史、文化、生态、经济、社会价值于一体，具有突出的全球重要性。县委、县政府和全县人民高度重视遗产保护、传承与利用工作，26万满乡儿女热切期盼宽城早日入选全球重要农业文化遗产地。

8. 山东乐陵枣林复合系统陈述词

山东乐陵市市长　王大山

今天带着全市70万人民的殷切期盼，郑重申请山东乐陵枣林复合系统为全球重要农业文化遗产。下面，我将“3534”这个数字的形式做简要陈述。

一、第一个“3”即3个迫切需要

（1）乐陵经济社会发展的迫切需要。乐陵作为中国金丝小枣之乡、国家唯一划定的金丝小枣标准化示范区，申遗将为乐陵以枣为媒加强对外交流起到重要的推动作用。

（2）枣文化传承发展的迫切需要。乐陵小枣栽培已有3 000多年历史，文化底蕴丰厚，申遗将对乐陵枣文化的传承和发展起到积极的引领作用。

（3）枣品种保护发展的迫切需要。山东乐陵枣林复合系统汇集了194个枣树品种，是国家枣树良种种质基地，申遗将对枣品种保护和开发具有极大的促进作用。

二、“5”即5个明显优势

（1）枣树保护经验丰富。乐陵有枣树2 500万株，其中500年以上古枣树2万余株，我们已对老枣树分类挂牌管理，并安排专人重点保护。

（2）枣林经济发展成熟。林下立体经济等经营模式成熟推广，系统内人均可支配收入达19 204元，高于当地平均水平30%。

（3）枣旅文化融合高效。已成功举办31届中国乐陵金丝小枣文化节，创新举办了红枣产业博览会、味博会和枣花节。2018年接待游客58.6万人次、旅游收入15亿元。

（4）科技转化成果丰硕。系统内已引进新技术20项，2018年系统科技贡献率65%，成果转化率达80%。

（5）支持政策规范完备。制定了枣林复合系统发展规划和保护办法等相关政策，从土地、资金、人才和科技等方面全力支持复合系统遗产保护和建设。

三、第二个“3”即3个工作目标

一是做好“两个保护”。做好生态保护，即保护枣树复合系统结构完整，维护系统生态可持续性；做好文化保护，即大力保护农耕文化与枣文化等资源，避免非物质文化遗产遭受破坏或消失。

二是推动“两个发展”。推动生态产品发展，即引进新技术开发新产品，打造枣产品全国知名品牌；推动休闲农业发展，即加快产业结构调整，推进生态休闲农业建设。

三是提升“两个能力”。提升文化自觉能力，即弘扬发展红枣文化，提高管理者和居民的文化自觉能力；提升经营管理能力，即引进先进的生产和管理技术，提高综合开发水平。

四、“4”即4项保障措施

一是强化组织领导。成立市级领导小组，落实“五个一”工作机制（1项工程、1名领导、1套专班、1份责任和一抓到底），统筹推进。

二是配置专项资金。加大财政投入，整合涉农资金捆绑投入推动枣林复合系统建设。

三是健全工作机制。将创建工作纳入全市综合考评系统，严格督查落实。采取多种方式引导和支持农民加快土地集中流转。

四是完善管理体系。聘请专业团队对项目规划和建设进行高标准设计，推进项目管理规范化、科学化。

各位领导、各位专家，我们将以此次申遗为契机，以更加饱满的热情和高度负责的态度，扎实做好枣林复合系统建设，传承枣文化，推进红枣产业大发展，实现乐陵发展新跨越。

9．山西稷山板枣生产系统陈述词

山西稷山县县长　吴宣

稷山县位于山西省西南部，自北魏设县至今，已有1 600多年的历史。全县面积686平方千米，耕地58万亩，总人口36万。据《诗经》《史记》等典籍记载，上古时期，中国农业始祖后稷曾在此树艺五谷、教民稼穑。2016年7月，习近平总书记在山西视察时指出，“后稷教民稼穑于稷山”。稷山作为中华民族农耕文明的发祥地之一当之无愧。

一、遗产简介

稷山板枣生产历史悠久，所谓千年传承，久负盛名。据《稷山县志》记载，早在北魏孝文帝时期，稷山先民通过把引入的金丝小枣与本地枣进行改良，经过多年的生态适应、人工驯化、自然演变，终究形成果形侧面较扁的枣品种，因当地方言“扁”音为“板”，故称稷山板枣。其枣果皮薄肉厚核小，干果含糖量约达75%，富含多种维生素，营养价值极高，明清时曾为皇室贡品。目前，稷山县千年以上古板枣树约1.75万株，五百年以上古板枣树约5万株，古枣树数量为中国之最，世界罕见。1991年，板枣树被稷山县人大常委会命名为“县树”。2003年11月，稷山板枣在中国首次登上太空，进行板枣接穗提质科学实验；2006年6月，经农业部批准，制定颁布了全国第一部稷山板枣栽培技术管理规程。2017年6月29日，山西稷山板枣生产系统被农业部认定为中国重要农业文化遗产，为山西省唯一。

二、遗产特征

稷山板枣有其显著的农业功能定位和历史文化特征。

（1）保生计促增收。民以食为天。稷山板枣曾经是稷山乃至晋陕豫黄河三角洲先人们的“铁杆庄稼”，是当地与周边人的“歉年苍生粮、丰年养生果”，明清时用于缴纳赋税。中华人民共和国成立以来，在历届县委、县政府的高度重视下，稷山板枣目前栽植面积达15.3万亩，总产量5 000万千克，总产值6.3亿元，枣农人均收入8 000元，遗产核心区人均收入1万元以上。

（2）防风沙护生态。稷山地处北方地区，春冬两季容易遭受干冷气流、沙尘暴等极端天气的影响。板枣树连线成片，构成一道生态屏障，可以阻挡风沙，保持水土，改善气候环境，成为人与自然和谐发展的重要农业文化成果。尤其是近年来，稷山县大力发展生态循环农业，形成了以稷山板枣为主导，枣树下间作粮食、蔬菜、养殖家禽的复合种植养殖系统，实现生物的多样性。

（3）有文化重传承。关于稷山板枣的历史典籍、民间传说、人物轶事、民间文化等内容十分丰富。明代稷山县令薛一印曾在《万树秋霞》一诗中写道：“江南桔绿日，塞北枣红天。”稷山人的生产、生活与板枣实现了高度的融合。唐代“药王”孙思邈《千金要方》将板枣作为药引写入药方。千百年来，勤劳智慧的稷山人，历经实践摸索，总结出一套从培育、种植、采摘、晾晒、储藏与板枣生产等手法技艺，独创适应性技术，代代手传口授，传承至今。2016年，斯里兰卡代表团专程来稷山进行“一带一路”海上丝绸之路中斯友好文化交流活动，取得丰硕成果。

（4）壮景观兼融合。板枣树形独特，尤其是五百年、上千年的古板枣树更是“岁老根弥壮，阳骄叶更荫”。古枣树、古枣林与古村落、古文化遗址和绵延起伏的丘陵地形，在干旱的黄土高原地区点亮了一道道绿色的风景线。目前，稷山国家板枣公园，现有历史人文景点13处、自然景观4处，成为集人文历史、自然风光、园林景色为一体的农业观光示范园区。

三、近年工作

为进一步传承和保护稷山板枣生产系统，近年来主要开展了以下几方面工作：一是加强管护，出台了《稷山板枣传统生产管理办法》，对核心区老枣树进行统管统治；二是强化宣传，连续开展了8届板枣文化活动节和“稷山板枣中国行”大型推介活动；三是提质增效，制定了稷山板枣地方质量统一标准，并报省、市、县质检部门备案，积极创建标准化示范园区，投资1 500万元建设板枣现代农业示范园区；

四是推进营销，线上线下多渠道发力，投资50万元创建板枣出口平台。

四、发展规划

下一步，我们将采取六项硬措施，确保稷山板枣得到更好的传承与保护。一是在板枣生产保护、提质增效上持续发力；二是精心建好一批高标准板枣示范园，开展各种培训100场次以上；三是持续推进“稷山板枣中国行”推介活动，在全国各地举办15场次，在已有20个的基础上再建立2 ～ 3个板枣配送中心；四是招商引进一批板枣深加工企业，合作开发“中华国枣”；五是编撰出版《中国 · 稷山板枣志》，进一步丰富板枣生产保护系统和文化内涵；六是培养打造一支高素质、专业化的新时代板枣产业团队。

各位领导、各位专家，稷山板枣以其独特的魅力，在海内外久负盛名，成为世界重要农业文化遗产代表性的元素和符号。但是，古板枣树自然衰老，加之病虫害、自然灾害的侵害，城市化进程的加快，农业劳动力资源不足等原因，稷山板枣传统生产与文化系统传承和保护面临着严重威胁。因此，挖掘、保护和传承这些重要农业文化遗产，意义十分重大。

为进一步加快推进稷山县农业文化遗产保护工作，稷山县在中国重要农业文化遗产的基础上，特将稷山板枣生产系统申请为全球重要文化遗产。

10. 新疆奇台旱作农业生产系统陈述词

新疆维吾尔自治区奇台县县长　张峰

一、遗产地概况

奇台县县域面积1.93平方千米、人口30万，是新疆汉文化发祥地之一，是古丝绸之路上的重要商埠，是清代新疆四大商业都会之一。全县耕地面积220万亩，粮食年产量约4.5亿千克，占新疆的1/10；是全国优质大麦、小麦之乡，小麦面积120万亩，居新疆县域之首。

重要地位：新疆奇台旱作农业系统（万亩旱田）为中国重要农业文化遗产，已有2 000多年的历史，是中国唯一的旱作农业系统，是全国保护最完整、最早的农耕文化之一。

存在问题：全球气候变化和城市工业污染加剧，旱作农业系统面临严峻的挑战，保护工作势在必行。

旱作农业系统遗产地范围为奇台县6个乡镇，即东湾镇（191.74平方千米）、吉布库镇（444平方千米）、老奇台镇（195平方千米）、半截沟镇（2 000平方千米）、七户乡（270平方千米）、碧流河镇（250平方千米），总面积为3 350平方千米。遗产地范围内有利用天然降水为主要水源的面积达20万亩的旱地。

二、遗产特征

（一）获得荣誉

全国粮食生产百强县、全国粮食生产先进县标兵、国家级商品粮基地县、全国绿色高产高效示范创建标兵县和国家高效节水灌溉示范县；奇台面粉获全国首个面粉类国家级农产品地理标志示范样板。

（二）历史地位

奇台旱作农业生产历史十分悠久，是源于屯田的农业。西汉（约公元前60年）军屯农业开始发展，形成了一定的规模；唐朝（640年）在此设立北庭都护府，军屯农业得到了进一步发展；清朝建立奇台堡（18世纪末），常年屯兵垦田，农业有较大发展；乾隆六十年（1795年），享有丝绸北路粮仓之誉。

（三）生态与生物多样性

1.生物多样性明显

（1）作物种类多（19种作物）。马铃薯、向日葵、小麦、红花、中药材、白豌豆、扁豆、绿豆、鹰嘴豆、糜子、油菜、谷子、青稞、荞麦、大麦、各种蔬菜、瓜类。

（2）植物种群多（412种植物）。贝母、车前子、大芸、枸杞、甘草、党参、肉苁蓉、大黄、麻黄、益母草、当归、锁阳、山楂、柴胡、羌活、赤芍。

（3）其他生物种类多。其他植物种类：野蔷薇、野山杏树、沙棘、梭梭、海棠和苹果，红松、白松、桦木、杨树、榆树、杉木、苹果树。动物种类（48种国家Ⅱ类保护动物）：绵羊、马、猪、鸡、黄牛和驴，狍子、野猪、狼、野兔、雪鸡、野

鸭、鹌鹑、雪豹、蒙古野驴、野马、鹅喉羚、紫貂、赛加羚羊、北山羊、大胡子鹫、黑雕、红狐、棕熊、草原雕、马鹿、草原斑猫。

2. 生态功能良好

（1）物质循环利用。种植业为牛羊提供足够的饲料，畜牧业提供培肥地力的有机肥，实现良性发展。

（2）水土流失少。常年种植作物，留茬放牧，地面常年覆盖，防止了水土流失。

（3）生态稳定性好。生物种类多，自然生态条件好，病虫害危害轻，自然调控稳定性好。

（四）遗产地景观

奇台旱作农业是大规模、自然、生态的农业耕作方式，地广人稀和天山北麓的山地地形，四季可观赏不同的令人震撼的美景。

（1）春季种子撒播在连绵群山之上的旱地里，绿色绵延起伏。

（2）夏季麦子成熟金色满山。

（3）秋季遍野麦茬中牛羊成群，一派天然牧场的景观。

（4）冬季冰封山峦白雪皑皑。

（五）传统技术的发展——对自然的智慧利用

（1）天山北麓，气候相对湿润，无须灌溉，利用降雨和耐旱作物实现了作物生产。

（2）在坡度相对平缓且可以耕作的山坡进行旱作种植，把作物种植到了海拔2 000米坡地上，提高了土地的价值。

（3）不同的高度播种不同的作物种类（小麦、大麦、豌豆、马铃薯、中药材、鹰嘴豆），不同的作物轮流种植，巧妙利用了生物特性和自然条件，实现可持续发展。

（六）食物的保障——农业复合生产能力强

1. 生产功能强

奇台旱作农业系统为人们提供了大量生态、安全、优质的作物产品和牛羊肉及相关的食品。

2. 旱作农业系统与草原畜牧业融合发展

海拔1 200 ～ 1 700米的麦区年均降水量526.35毫米，深厚而肥沃的黑钙土和栗

钙土，经过人类的智慧改造，形成了天山北麓典型的“靠天收”的特殊农业生产系统——旱作农业，创造了奇台特殊气候带的绿洲粮仓。秸秆留茬放牧，粪便作为有机肥循环利用。

（七）文化底蕴深——融合的农业文化

（1）“金奇台”“旱码头”是奇台县曾经经济和文化繁荣的最高表达，与农业密不可分。

（2）清末民初（19世纪初），“赶大营”“移民潮”，津、晋、京、湘、陕、甘、豫等地的人扎根奇台，使奇台的饮食文化在保留当地特色的同时，融合了中原各地的元素。

（3）当地各族人民共同的日常的食物——面食、奶制品和牛羊肉，节日里的别样舞蹈和庆祝方式是民族文化融合的典型表现。

（八）旱作农业系统的价值高

1. 生态价值高

生产使用有机肥，农业措施防治病虫草，无地膜和重金属，无工业污染，区域的生物多样性特色明显；旱作农业种植-放牧结合对坡地表面有良好的水土保持作用。

2. 农业价值高

保留一些传统农业技术技术措施，如“二牛抬扛”“二马抬杠”等翻耕方式，“水打滚”和“浪苗子”等传统撒播方式，人力用镰刀收割的传统收获技术；奇台旱作农业是以作物种植和饲草养殖牛羊为一体的典型循环农业。

3. 科学价值高

出土发现的细石器具有典型的新石器时期的特征，有重要的考古价值；旱作农业系统在农业生态、农业经济和农村发展以及生态农业等领域也具有研究价值。

三、遗产功能发挥

（一）旱作农业系统生态保护实现保景富民

（1）树立尊重自然、顺应自然、保护自然的生态文明理念，制定生态保护、生态修复、生态开发、生态文化和生态经济“五位一体”发展模式。

（2）科学划定了48平方千米的江布拉克文化生态旅游区，保留了原居住农牧民260户816人，科学方式开发旱作农业旅游，促进旱作农业系统与草原畜牧业融合发展，维护生态环境和农业文化遗产可持续发展。

（3）旅游产业带动旱作区农民致富，旱作区妇女参与农业生产活动和旅游活动，成为在家庭和社会上具有一定地位的人群，人均收入稳定达到3.2万元。

（二）农业文化遗产品牌推动产业发展

（1）挖掘农业文化遗产品牌，推动小麦产业发展。

（2）树立了中国重要农业文化遗产——新疆奇台旱作农业系统石碑。

（3）建立了“奇台面粉”国家农产品地理保护标志。

（4）创作了中国重要农业文化遗产——新疆奇台旱作农业系统宣传片。

（5）奇台旱作农业系统与面粉产品相结合，借助新媒体大力宣传推广。

（三）农业文化遗产品牌带动成效明显

（1）建成了奇台农耕文化博物馆和老奇台博物馆，出版《奇台歌谣》《奇台故事》《奇台谚语》《奇台方言》等文学集成。

（2）举办撒班节、开犁节、油菜花节、海棠花节、旅游文化美食节等，撒班节纳入国家非物质文化遗产名录。

（3）对农事民谣、农民手工技艺、传统农耕技术、民俗活动、传统饲养经验和村落建筑等进行保护和挖掘，打造田园综合体。

四、遗产保护及措施

（一）遗产地保护重要作用

1. 重要价值

奇台旱作农业系统历史悠久、文化独特，是特色明显、经济与生态价值高度统一的重要农业文化遗产，劳动人民凭借着独特而多样的自然条件和勤劳与智慧，创造出的农业文化典范，蕴含着天人合一的哲学思想，历史文化价值高。

2. 亟待保护

缺乏系统有效的保护，旱作农业系统正面临着被破坏、被遗忘、被抛弃的危险。

3. 重要意义

保护和弘扬旱作农业文化，促进农业可持续发展，丰富休闲农业发展资源，促进农民就业增收。

（二）保护及措施

（1）成立奇台县旱作农业系统保护利用工作领导小组，开展保护与发展总体规划的实施，协调解决存在的问题。

（2）进一步在生态保护、文化保护、景观保护、生态产品开发、休闲农业发展等方面，制定实施更加科学的保护与发展方案。

（3）建立严格的保护与管理机制，将奇台旱作农业系统保护与发展纳入县生态文明示范建设规划中，通过制度加强保护。

（4）编制新疆奇台旱作农业系统保护规划和划定保护区，严格进行保护。

（5）加大政策与资金的支持力度，建立多渠道的资金筹措方式，成立奇台县旱作农业系统保护与发展基金，为农业遗产保护提供资金保障。

（6）建立专家工作站，对农业文化保护地深入研究，进一步对历代军屯、官屯、商屯、民屯2 000年来传承的历史农耕文化进行挖掘。

（7）强化宣传工作，利用新媒体加大宣传力度，为保护利用工作营造良好的社会环境。

（8）强化生态保护意识。在开发利用上强调原生态理念，开展遗产地古树资源普查，建立生态多样性动态评价和预警体系。

新疆奇台旱作农业系统是一种历史悠久、文化独特、特色明显、经济与生态价值高度统一的重要农业文化遗产，我们申报全球重要农业文化遗产的目的是更好地对其进行严格保护和适度利用，努力打造成为具有区域特色的传统生态农业生产模式和现代生态文明建设相结合的典范。

11. 安徽铜陵白姜生产系统陈述词

中共铜陵市委副书记　赵振华

安徽铜陵是中国古铜都，《汉书》有“善铜出丹阳”，“丹阳”就是今天的铜陵。3 000年历史积淀，青铜文明与农耕文明交相辉映，孕育出白姜种植系统这一全球传统农耕文明的瑰宝。

铜陵白姜块大皮薄、汁多渣少、肉质脆嫩、香味浓郁，被誉为“中华白姜”，北宋时期就被列为贡品。2009年，铜陵白姜种植技艺入列安徽省非物质文化遗产，成为国家地理标志保护产品；2012年，获国家地理标志证明商标；2017年，铜陵白姜种植系统被授予第四批中国重要农业文化遗产；2018年，铜陵白姜文化节列入全国首届农民丰收节系列活动。

铜陵白姜的优良品质与其“姜阁保种催芽、高畦高垄栽培、搭棚遮阴生长”等独创的栽培方法与种植技艺密切相关。

（1）姜阁保种催芽。这是铜陵白姜生产过程中最独特的技艺，全球唯一。将精选的姜种放入姜阁，经高温去湿、杀灭病菌、钝化病毒，中温保暖越冬，高温催生发芽，一气呵成。目前，铜陵天门镇五峰村盛长春家的姜阁，使用已超百年。

（2）搭棚遮阴生长。这是铜陵姜民又一独创的栽培工艺。在白姜出苗至收获的生长期搭建1.5 ~ 1.7米高的平棚，用芭茅覆盖遮阴。这一传统工艺颇具科学性和先进性，姜棚遮阴减缓暴雨对姜苗的冲击，降低温度剧烈变化。特别是所用芭茅经日晒雨淋，遮光率由高到低，与生姜生长光照“苗期三分太阳七分阴，后期七分太阳三分阴”的要求相辅相成。

（3）高畦高垄栽培。这也是铜陵白姜种植的独特之处，冬至前，深翻姜田，做成高40 ~ 50厘米的姜畦；播种前，畦面做成30 ~ 35厘米的高垄，垄壁踩实（姜农称之为“踩姜垄”）。发芽的姜种播种在垄沟里，生长过程中实施4 ~ 5次培土，使播种沟变成垄、原姜垄变成沟，铜陵农谚“栽在沟里，收在垄上”由此而来。

目前利用传统技艺种植白姜面积约6 000亩，产量约1 500千米／亩，年产值超10亿元。随着现代农业科技的发展，铜陵白姜生产融入现代生态保护元素，采用“姜粮”水旱2 ~ 3年轮作、灭虫灯诱杀、信息素诱杀、生物有机肥等农业新技术防治病虫害，既保护了生态环境又提高了白姜质量，实现了可持续健康发展。

被授予中国重要农业文化遗产后，铜陵市委市政府按照相关保护要求，制定了一系列专项规划和管理办法。铜陵白姜主产区已创建成为全国农业示范区、全国农业科技园区，现在正在申报创建国家级高科技农业示范区。

下一步，我们将结合实施乡村振兴战略，加速推进中华白姜文化产业园等农旅

项目建设，推广白姜产业扶贫覆盖面（目前枞阳县试种成功，带动种植贫困户增收7 000元/户），提高种植技术水平（比如，用智能热风机替代人工烧火加温，提高安全性；用遮阳网替代芭茅，提高环保性），加快推进三产融合等。未来5年，铜陵白姜深加工占区域总产值将由现在的35%提高到57%，以生姜特色产业振兴，促进农民增收，带动乡村富裕，让铜陵白姜种植系统这一农业文化瑰宝焕发更加绚丽的时代色彩。

12.浙江仙居古杨梅群复合种养系统陈述词

浙江仙居县委书记　林虹

在浙江仙居，杨梅与茶树间作混栽，仙居鸡饲养于梅林之中，梅林为土蜂提供活动空间，构成了"梅—茶—鸡—蜂"共生互利的农业复合生态模式；林下茶枝繁茂，坡上山鸡跳跃，林间土蜂振翅，一幅生态和谐的自然画卷。这就是仙居延续千年，饱含仙居先民智慧的古杨梅群复合种养系统。

这份遗产源于哪儿？这份遗产，源于仙居独特的自然生态。北纬29°温润的亚热带季风气候，酸碱度适中的江南丘陵红土地，世界上规模最大的火山流纹岩地貌形成的崇山峻岭小气候，得天独厚的自然生态和山水灵气，共同孕育了品质卓越的仙居杨梅。这份遗产，源于仙居丰富的生物多样性。仙居现有19种杨梅品种，其中仙居特有古种6种，是世界上最大的古杨梅种质资源库，现存百年以上古杨梅树13 425棵，其中500年以上古杨梅树108棵，千年以上古杨梅树28棵，十余种仙居独有的杨梅古种。多元复合种养系统具有很强的稳定性和可持续性，系统中的仙居鸡、仙居土蜂还被列入了国家级畜禽遗传资源品种名录。这份遗产，源于仙居人民在长期生产实践中的传承与创新。

早在1 600多年前的东晋时期，仙居就有杨梅种植的历史记载。我们率先探索出了杨梅无性繁殖技术，通过选种嫁接，把杨梅从最原始的铁梅、水梅，改良成了个大味甜的良种杨梅。仙居是全国唯一的杨梅绿色食品原料标准化生产基地，先后获得国家绿色食品认证、原产地保护认证和地理标志认证。我们还推行在山区不同的海拔高度，梯度栽培低丘杨梅和高山杨梅，让杨梅采摘周期从20天拉长到一个多月，惠及更多山区农户。

都说“世界杨梅看中国，中国杨梅数仙居”。我们一直致力于古杨梅复合种养系统的保护、传承与弘扬，努力实现生态功能、文化价值与经济效益的多元统一。

首先，在生态功能上，复合种养系统对水土保持、水源涵养、控湿调温、空气净化、森林防火等方面起着重要作用，仙居也被评为国家级生态县、全国百佳深呼吸小城。其次，在文化价值上，杨梅药食同源，《本草纲目》记载“杨梅可止渴、和五脏、涤肠胃、除烦愦恶气”。与杨梅共生的仙居鸡，因进食丰富的蛋白质和维生素，肉质特别鲜美而别称梅林鸡，被称为“中华第一鸡”。仙居有句老话“家有杨梅树，代代能致富”。自古以来，家家户户都有用高度酒泡杨梅的传统，民间还保留着把杨梅树作为嫁妆、把杨梅球作为装饰祈福的习俗，祈求甜甜美美、多子多福。再次，在经济效益上，13.8万亩的种植面积，7.2亿元的年鲜销产值，18.1亿元的品牌价值，均居全国同业首位，仅鲜果销售一项，就为近10万梅农户均增收2.1万元。为保证杨梅的托底收购，我们还开发出杨梅汁、杨梅酒等产品。最后，在农旅融合价值上，我们已连续举办了22届中国仙居杨梅节，传承杨梅文化，提升仙梅品牌，开拓了农旅融合、生态富民的新途径。

仙居古杨梅群复合种养系统是仙居的，更是世界农耕文明遗产，一直以来得到了各级领导的关怀支持。接下来，我们将继续加强与高校科研院所的合作，利用现代农业技术守正创新，推动系统融入现代农业生产、农村生活和生态保护之中，打造山地环境复合利用的典范，惠及更多勤劳的梅农朋友！